Skripte zur Mathematik

Zahlen

von

Christian Wyss

Skripte zur Mathematik

Zahlen

von

Christian Wyss

mathema

 tredition

© 2023 Dr. Christian Wyss

Verlagslabel: mathema (www.mathema.ch)

ISBN   Hardcover: 978-3-384-15641-9
        Paperback: 978-3-384-15640-2

Auflage 1.0

Druck und Distribution im Auftrag des Autors:
tredition GmbH, Heinz-Beusen-Stieg 5, 22926 Ahrensburg, Germany

Die Philosophie steht in diesem grossen Buch geschrieben, das unserem Blick
ständig offen liegt – ich meine das Universum –; aber das Buch ist nicht zu
verstehen, wenn man nicht zuvor die Sprache erlernt und sich mit den Buchstaben
vertraut gemacht hat, in denen es geschrieben ist. Es ist in der Sprache der
Mathematik geschrieben, und deren Buchstaben sind Kreise, Dreiecke und andere
geometrische Figuren, ohne die es dem Menschen unmöglich ist, ein einziges Bild
davon zu verstehen; ohne diese irrt man in einem dunklen Labyrinth herum.

Galileo Gallieli: *„Il Saggiatore"* (1623)

Inhaltsverzeichnis

Einleitende Worte

Diese Skripte zur Mathematik sind im Rahmen des Gymnasialunterrichts entstanden. Sie können als eigenständiges Lern- und Übungsmaterial eingesetzt werden. Sie sind jedoch primär als *unterrichtsbegleitendes Material* konzipiert. Eine Einführung und Anleitung durch eine Lehrperson wird daher empfohlen.

Die Skripte enthalten *Lückentexte*. Sie dienen der Festigung des erworbenen Wissens und sollten im Plenum mit der gesamten Klasse ausgefüllt werden. Diese handschriftlichen Einträge helfen, die Schlüsselbegriffe und Aussagen zu verinnerlichen und Herleitungen und Beweise besser nachzuvollziehen.

Zu den Übungen

Um den Stoff zu vertiefen und zu festigen, halte ich es für unerlässlich, dass die Schülerinnen und Schüler eine Vielzahl von Übungen lösen. Die Skripte enthalten daher viele Übungen, die nicht nur das Erlernte festigen, sondern auch inner- und aussermathematische Anwendungen aufzeigen. Einige Übungen sind bewusst anspruchsvoller gestaltet und gehen über den üblichen Lehrstoff hinaus, können jedoch bei Bedarf übersprungen werden. Ein Stern ★ markiert, dass es sich bei der Aufgabe um eine zusätzliche Übung handelt, die über den obligatorischen Lernstoff hinausgeht. Im Folgenden werden die unterschiedlichen Übungstypen kurz erläutert.

Einstiegsbeispiel

Ein Einführungsbeispiel stellt eine Aufgabe dar, die eine neu einzuführende Thematik exemplarisch vorstellt. Diese Aufgabe soll die grundlegenden Begriffe der neuen Thematik vorwegnehmen und damit einführen. Dabei darf die Aufgabe einen gewissen Anspruch haben. Ein gemeinsames Lösen dieser Aufgaben im Plenum oder eine detaillierte Besprechung empfiehlt sich, um das Verständnis zu fördern.

Grundaufgaben

Eine Grundaufgabe ist eine Übungsaufgabe, die von den Schülerinnen und Schülern routiniert und sicher gelöst werden sollte. Durch die Bearbeitung mehrerer dieser Aufgaben sollen die Lernenden die Struktur verstehen und sich mit dem Lösungsweg vertraut machen, um ihn anschliessend situationsbezogen bei weiterführenden Aufgaben anwenden zu können.

Erarbeitungsaufgaben

Erarbeitungsaufgaben sind konzipiert, um den Lernstoff zu entwickeln und die Schülerinnen und Schüler konstruktivistisch an die neue Theorie heranzuführen.

Anwendungsaufgaben

Das erworbene theoretische Wissen hat in der Regel sowohl inner- als auch aussermathematische Anwendungen. Anwendungsaufgaben sollen die Fähigkeit zur Mathematisierung fördern und die Anwendbarkeit des Gelernten verdeutlichen.

Beweisaufgaben

In Beweisaufgaben lernen die Schülerinnen und Schüler, selbstständig einfache Beweise zu führen.

Zu den Titelbildern

Die Titelblätter bieten die Möglichkeit, verschiedene Aspekte der Mathematik mit den Schülerinnen und Schülern zu thematisieren. Dies umfasst insbesondere folgende Bereiche:

Mathematik und Ästhetik

Mathematik und Kunst stehen auf vielfältige Weise in Beziehung. Ihre Verbindung zeigt sich in Musik, Malerei, Architektur, Skulptur und Textilgestaltung etc. Die Titelblätter zielen darauf ab, die Schönheit der Mathematik anhand der bildenden Kunst aufzuzeigen.

Rechenhilfsmittel

„Es ist unwürdig, die Zeit von hervorragenden Leuten mit knechtischen Rechenarbeiten zu verschwenden, weil bei Einsatz einer Maschine auch der Einfältigste die Ergebnisse sicher hinschreiben kann." G. W. Leibniz (1673).
Der Mensch hat bereits in der Frühzeit Rechenhilfsmittel entwickelt, angefangen vom Kerbholz über mechanische Rechenmaschinen bis hin zu analogen und digitalen Computern. Die Titelblätter illustrieren diese Entwicklung.

Geschichte der Mathematik

Die Geschichte der Mathematik reicht zurück bis ins Altertum und den Anfängen des Zählens in der Jungsteinzeit. Mathematik wurde und wird in allen Kulturkreisen praktiziert. Die Titelblätter thematisieren bedeutende Werke der Mathematik sowie herausragende Mathematikerinnen und Mathematiker, die die Entwicklung dieser Disziplin massgeblich beeinflusst haben.

Zu den Inhalten

Allgemeines

Die Aufteilung des Stoffes in mehrere Skripte dient der Flexibilität bei der Gestaltung des Unterrichts. Da Mathematik eine stark hierarchische Struktur aufweist, kann der Stoff nicht in beliebiger Reihenfolge bearbeitet werden. Die Skripte sind in einer möglichen Bearbeitungsreihenfolge angeordnet.

Im Folgenden wird kurz dargelegt, welches spezifische Vorwissen für jede Einheit zusätzlich erforderlich ist.

Darstellung und Eigenschaften

Behandelter Stoff

Im ersten Abschnitt wird eine kurze historische Entwicklung der Zahlen skizziert, wobei insbesondere auf altägyptische, babylonische, arabische und römische Zahlen eingegangen wird. Anschliessend werden verschiedene, heute gebräuchliche Notationen beschrieben, wobei besonders das Stellenwertsystem (dezimal, binär, dual, hexadezimal usw.) erläutert wird. Auch die wissenschaftliche Schreibweise wird behandelt. Die grundlegenden Zahlenmengen (natürliche, ganze, rationale und reelle Zahlen) sowie ihre Eigenschaften werden diskutiert. Besondere Zahlen (wie die Primzahlen und die Kreiszahl) und auch Eigenschaften von Zahlen (insbesondere die Parität) werden betrachtet.

Notwendiges Vorwissen

Es wird kein Vorwissen aus dem gymnasialen Curriculum vorausgesetzt.

Die mysteriöse Zahl 1089

Behandelter Stoff

Die Eigenschaften der magischen Zahl 1089 werden diskutiert.

Notwendiges Vorwissen

Es wird kein Vorwissen aus dem gymnasialen Curriculum vorausgesetzt.

Stellenwertsysteme

Behandelter Stoff

Im Skript werden Stellenwertsysteme (insbesondere dezimal, binär usw.) ausführlicher behandelt. Das Umrechnen von Zahlen (einschliesslich gebrochener Zahlen) zwischen den verschiedenen Systemen wird durchgeführt und diskutiert.

Notwendiges Vorwissen

Vertrautheit mit ganzzahligen Potenzen (also auch mit negativen Potenzen und der Potenz Null) ist von Vorteil.

Maschinenzahlen

Behandelter Stoff

Im Skript wird ausführlich die Herausforderung der Speicherung von Zahlen im Binärsystem sowie die damit verbundenen Rundungsfehler (Maschinengenauigkeit) diskutiert. Die Norm IEEE 754 für Fließkommazahlen wird eingehend erläutert, und es werden Methoden behandelt, um Zahlen in die IEEE 754-Norm umzurechnen.

Notwendiges Vorwissen

Die Schülerinnen und Schüler sollten bereits in der Lage sein, Zahlen (sowohl ganze als auch gebrochene Zahlen) im binären Stellenwertsystem darzustellen.

Die Eulersche Zahl

Behandelter Stoff

Im Skript werden die Eigenschaften der Eulerschen Zahl detailliert aufgezeigt. Dabei wird eine intuitive Einführung in die Zahl durch die bereits von Euler gewählte Methode der stetigen Verzinsung gegeben. Anschliessend wird die Eulersche Zahl hergeleitet und ihre Reihenentwicklung besprochen.

Notwendiges Vorwissen

Die Schülerinnen und Schüler müssen mit der Berechnung von Grenzwerten und dem Differentialquotienten vertraut sein.

Logarithmische Einheiten

Behandelter Stoff

Logarithmische Skalen wie Pegel, Schallpegel und die Phon-Skala, die Richter-Skala, pH-Werte und Helligkeiten werden untersucht und ihre Eigenschaften erörtert. Des Weiteren wird die Darstellung von Daten und Graphen von Funktionen, insbesondere linearer, Potenz- und Exponentialfunktionen sowie Logarithmusfunktionen, in logarithmischen Skalen diskutiert.

Notwendiges Vorwissen

Vertrautheit mit dem Logarithmus wird vorausgesetzt.

Darstellung und Eigenschaften

Nilfluthöhen in ägyptischer Zahlschrift auf der Weissen Kapelle des Sesostris I. Die Weisse Kapelle ist das älteste erhaltene Bauwerk aus der Tempelanlage Karnaks in Ägypten. Sie wurde während der Zeit des Mittleren Reiches (2137 bis 1781 v. Chr.) gebaut.

1. Eine kurze Geschichte der Zahlen

Es ist nicht genau bekannt, seit wann die Menschen Zahlen benutzen. Die
ersten Darstellungen von Anzahlen waren wahrscheinlich Striche. Das
älteste bekannte Beispiel ist der Lebombo-Knochen aus dem südlichen
Afrika mit 29 deutlichen Einkerbungen, der ca. 44.000 Jahre alt ist.
Nebenstehend ist der 20'000 Jahre alte Ishango-Knochen mit deutlich
erkennbaren Kerben abgebildet. In Ägypten, Babylonien, China, Indien
und Griechenland, bei den Römern und Arabern wurden Zahlen und
Zahlensysteme erfunden, die als Vorläufer unserer modernen Zahlen und
deren Zahlenschreibweise gelten.

Zahlen bei den Ägyptern (ca. 3000 v. Chr.)

Die Ägypter entwickelten ein Zahlensystem mit Zeichen für die Zahlen 1, 10, 100, 1'000, …

1	10	100	1'000	10'000	100'000	1'000'000
I	∩	ℓ	🪷	∫	𓂭	𓁨
Strich	Rindsjoch	Seil	Lotusblüte	Finger	Frosch	Gott der Unendlichkeit

Zahlen stellten sie durch Aneinanderreihen dieser Zeichen dar. Die Zahl 3'465'397 in unserer
Schreibweise sieht auf Ägyptisch so aus:

Aufgabe 1: Übersetze diese ägyptischen Zahlen in unsere heutigen Zahlen:

a)

b)

c)

d)

Aufgabe 2: Schreibe diese Zahlen auf „Ägyptisch":

a) 2'300'654   = ...

b) 752'003   = ...

c) 44'629   = ...

d) 9'699   = ...

Zahlen bei den Babyloniern (ca. 3000 v. Chr.)

Bei den Ägyptern wurde für jede Zehnerstelle ein neues
Zeichen verwendet. Die Babylonier verwendeten als eines
der ersten Völker ein so genanntes Stellenwertsystem. Der
Wert eines Zahlzeichens hängt auch von dessen Stelle ab.
Während wir heute in unserem Dezimalsystem (Basis 10)
Ziffern 0, 1, 2, ... 9 verwenden, brauchten die Babylonier
in ihrem Sechzigersystem 59 Ziffern. Diese wurden mit
zwei verschiedenen Zeichen dargestellt. Ein Zeichen für
die Null wurde erst später erfunden.

Zahlenzeichen der Babylonier:

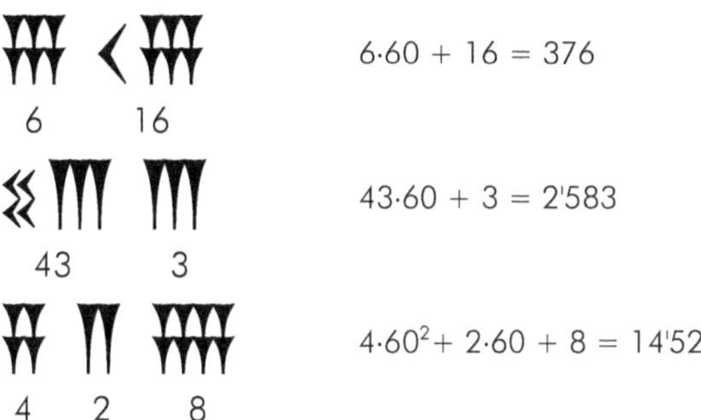

Beispiele für babylonische Zahlen:

$$6 \cdot 60 + 16 = 376$$

$$43 \cdot 60 + 3 = 2'583$$

$$4 \cdot 60^2 + 2 \cdot 60 + 8 = 14'528$$

Aufgabe 3: Übersetze diese babylonischen Zahlen in unsere heutigen Zahlen:

a)

b)

c)

d)

e)

f)

Aufgabe 4: Übertrage unsere Zahlen in babylonische Keilschrift. Denke daran, dass du die Zahl entweder durch 60, $60^2 = 3'600$ oder $60^3 = 216'000$ teilen musst.

Beispiel: $1'453'387 = 6 \cdot 216'000 + 43 \cdot 3'600 + 43 \cdot 60 + 7$

a) 187 = ...

b) 829 = ...

c) 2'381 = ...

d) 3'599 = ...

e) 99'837 = ...

f) 3'509'831 = ...

Zahlen in Indien und Arabien (ca. 300 v. Chr. bis ...)

Die Ziffern, die wir heute verwenden, und das Zehnersystem haben ihren Ursprung in Indien und Arabien. Sie wurden unter anderem durch Kaufleute wie Fibonacci im 13. Jahrhundert nach Europa gebracht. Die Brahmi-Ziffern sind indische Zahlzeichen aus dem 3. Jahrhundert v. Chr.

1	2	3	4	5	6	7	8	9
𑁒	𑁓	𑁔	𑁕	𑁖	𑁗	𑁘	𑁙	𑁚

Von ihnen stammen die indischen Ziffern ab, von wo aus sie den Weg in das Arabische und später auch zu uns fanden.

Europäisch	0	1	2	3	4	5	6	7	8	9
Arabisch-Indisch	٠	١	٢	٣	٤	٥	٦	٧	٨	٩
Östliches Arabisch-Indisch (Persisch und Urdu)	۰	۱	۲	۳	۴	۵	۶	۷	۸	۹
Devanagari (Hindi)	०	१	२	३	४	५	६	७	८	९
Tamil		௧	௨	௩	௪	௫	௬	௭	௮	௯

Aufgabe 5: In diese Autonummern wurde mittels Fotomontage ein Fehler eingebaut. Findest Du ihn? Vielleicht hilft Dir die abgebildete arabische Telefontastatur dabei.

Brahmagupta (598-668) war ein indischer Mathematiker und Astronom. Er erwähnte als erster (nebst den Mayas) die Zahl Null. Für die Menschen war es lange Zeit unvorstellbar, ein Zeichen für „Nichts" zu gebrauchen, den wenn es ein Zeichnen für „Nichts" gibt, dann ist dies nicht mehr Nichts, sondern dieses Zeichen. Bei Stellenwertsystemen ist ein Zeichen (eine Ziffer) für Null als Platzhalter unentbehrlich, um Stellen ohne Wert zu Kennzeichnen. Ohne die Null könnte das Zeichen 25 mehrere Bedeutungen haben, zum Beispiel 25, 205, 250, 2500, ... Dies ist einer der Gründe, die indisch-arabischen Zahlen zu einem so grossen Erfolg verhalf.

Zahlen bei den Römern (500 v. Chr. bis ...)

Das auf den römischen Ziffern beruhende Zahlensystem stellt positive ganze Zahlen in einem Additionssystem zur Basis 10 mit der Hilfsbasis 5 dar. Ein Zeichen für die Null ist nicht gebräuchlich. Die heute verwendeten römischen Ziffern sind

$\mathbb{I}$	$\mathbb{V}$	$\mathbb{X}$	$\mathbb{L}$	$\mathbb{C}$	$\mathbb{D}$	$\mathbb{M}$
1	5	10	50	100	500	1000

Zahlen werden durch Addition ($\mathbb{LX} = 50 + 10 = 60$) und Subtraktion ($\mathbb{CM} = 1000 - 100 = 900$) von Ziffern dargestellt.
Zum Beispiel ist $\mathbb{MCMXLVII} = 1000 + (1000 - 100) + (50 - 10) + (5 + 2) = 1947$.

Römische Zahlzeichen können wir heute noch an vielen alten Gebäuden, bei Inschriften und auf Grabsteinen sehen. Im Mittelalter entwickelten sich Regeln für das Darstellen der Zahlen:

1. Jedes der Zeichen $\mathbb{I}$, $\mathbb{X}$, $\mathbb{C}$, $\mathbb{M}$ darf höchstens dreimal hintereinander vorkommen.

2. Die Zeichen $\mathbb{V}$, $\mathbb{L}$ und $\mathbb{D}$ dürfen je nur einmal auftauchen.

3. Die Zeichen werden der Grösse nach geordnet. Man beginnt mit dem grössten Zeichen. Die Werte der Zeichen werden addiert. Die Zeichen $\mathbb{I}$, $\mathbb{X}$ oder $\mathbb{C}$ dürfen einmal vor einem Zeichen mit einem höheren Wert stehen. Sie werden dann subtrahiert.

Aufgabe 6: Übertrage diese römischen Ziffern in unser System:

$\mathbb{XII}$ $\mathbb{XXI}$ $\mathbb{LXXV}$ $\mathbb{CXI}$ $\mathbb{MD}$

$\mathbb{CD}$ $\mathbb{XL}$ $\mathbb{IV}$ $\mathbb{XIX}$ $\mathbb{CLXII}$

$\mathbb{MMCCXL}$ $\mathbb{CCXXXIV}$ $\mathbb{MCMXCVII}$

Aufgabe 7: Schreibe in römischen Zahlen. Beachte die Regeln:

104 = ...   87 = ...   456 = ...

890 = ...   987 = ...   2001 = ...

1393 = ...   1649 = ...   999 = ...

Im Bild *Melancholia* von Albrecht Dürer (*1471 in Nürnberg, †1528 ebenda) gilt als das rätselhafteste Werk Dürers. Das Bild zeichnet sich durch eine sehr komplexe Symbolik aus. Unter anderem kommt darin ein magisches Quadrat vor.

Aufgabe 8: Was ist an diesem Quadrat ‚magisch'?

Aufgabe 9: Trage die fehlenden römischen Zahlen ein, sodass sich magische Quadrate ergeben.

			II
III	VII		
	X	VI	XV
XVI		IX	IV

IV		V	
XV	VI	X	
		XI	III
II		VIIII	

Zahlen bei den Griechen (1000 v. Chr. bis ...)

Bezüglich der Darstellung von Zahlen haben die Griechen keine bahnbrechenden Erfindungen gemacht. Die Zahlen lehnten sich am Alphabet an: $\alpha = 1$, $\beta = 2$, $\gamma = 3$, ...

Zahlen bei den Mayas (300 v.Chr. bis 1600 n.Chr.)

Das Zahlensystem der Maya stellt das einzige bekannte schriftlich festgehaltene Zahlensystem im präkolumbischen Mittelamerika dar. Die Zählweise basierte dabei nicht auf dem uns geläufigen Dezimalsystem, sondern, wie in fast allen mesoamerikanischen Kulturen, auf dem Zwanziger-System.

2. Zahlensysteme heute

Strichlisten

Vorwiegend bei Spielen werden Strichlisten verwendet:

Dabei ist es häufig praktisch Gruppen zu bilden:

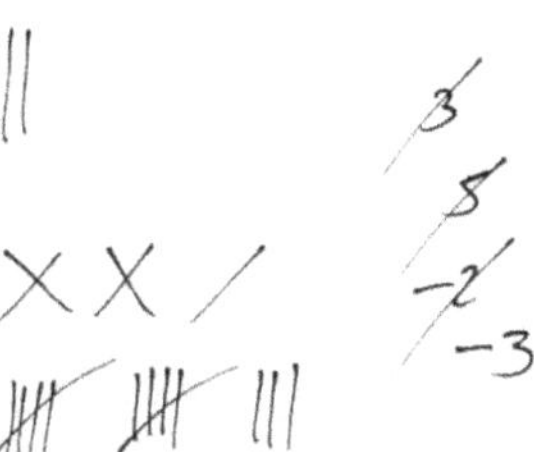

Aufgabe 10: Schreibe 24 in den drei Arten von gruppierten Strichlisten.

Aufgabe 11: Beim Jassen (vor allem in der Schweiz gebräuchlich) werden in der untersten Zeile die 20-er in Fünfergruppen, in der mittleren die 50-er in Zweier- und in der obersten Zeile die 100-er in Fünfergruppen geschrieben. Die restlichen Zahlen werden positiv oder negativ am Rand verbucht. Wie viel Punkte hat diese Mannschaft bereits erzielt?

Mit den Händen zählen

Aufgabe 12: Wir können an einer Hand auf fünf zählen und so Zahlen darstellen. Zeigt euch gegenseitig Zahlen mit den Händen.

Aufgabe 13: In China können die Leute an einer Hand auf Zehn zählen. Zeigt euch gegenseitig Zahlen auch in diesem System. Probiert es auch mit Zahlen mit mehreren Stellen (z.B. 863).

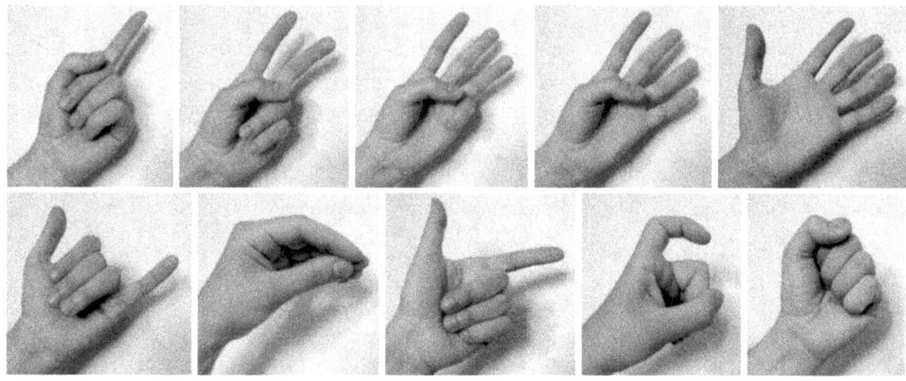

Stellenwertsysteme

Dem indischen Mathematiker Brahmagupta (598–668) verdanken wir das *Dezimalsystem (Zehner-System)*, in dem wir
rechnen. Im Dezimalsystem gibt es zehn unterschiedliche
Ziffern. Zahlen werden als Summe von Zehnerpotenzen geschrieben:

$$1'370'342 = 1\cdot1'000'000 + 3\cdot100'000 + 7\cdot10'000 + 0\cdot1'000 + 3\cdot100 + 4\cdot10 + 2\cdot1$$
$$= 1\cdot10^6 + 3\cdot10^5 + 7\cdot10^4 + 0\cdot10^3 + 3\cdot10^2 + 4\cdot10^1 + 2\cdot10^0$$

$$0.2157 = 2\cdot0.1 + 1\cdot0.01 + 5\cdot0.001 + 7\cdot0.0001$$
$$= 2\cdot10^{-1} + 1\cdot10^{-2} + 5\cdot10^{-3} + 7\cdot10^{-4}$$

Aufgabe 14: Schreibe diese Zahl mit Zehnerpotenzen:

$$102.35 = \dotfill$$

Das *Binärsystem (Zweier-System)* ist ein Zahlensystem, das
nur zwei verschiedene Ziffern, 0 und 1, zur Darstellung von
Zahlen benutzt. In Computern werden Daten in Form von
elektrischen Impulsen übertragen oder gespeichert. Sie sind
entweder vorhanden (1) oder nicht (0). Eine Binärzahl ist die
Summe von Zweierpotenzen:

$$101101 = 1\cdot2^5 + 0\cdot2^4 + 1\cdot2^3 + 1\cdot2^2 + 0\cdot2^1 + 1\cdot2^0$$
$$= 1\cdot32 + 0\cdot16 + 1\cdot8 + 1\cdot4 + 0\cdot2 + 1\cdot1 = 45$$

Aufgabe 15: Rechne in das Dezimalsystem um:

$$101 = \dotfill \qquad 1111 = \dotfill$$

$$1000 = \dotfill \qquad 110011 = \dotfill$$

Aufgabe 16: Rechne in das Binärsystem um:

$$2 = \dotfill \qquad 9 = \dotfill$$

$$65 = \dotfill \qquad 145 = \dotfill$$

Aufgabe 17: Eine Stelle im Binärsystem heisst *Bit*. Ein Zeichen (Buchstaben, Zahl, Sonderzeichen)
im Computer wird durch eine 8-stellige Binärzahl dargestellt. Eine solche 8-bit-Zahl heisst
Byte. Wie viele verschiedene Zeichen können mit einem Byte dargestellt werden?

Aufgabe 18: Man würde vermuten, dass ein Kilobyte genau 1'000 Byte beträgt. Dies ist jedoch
nicht genau so, da 1'000 keine Potenz von 2 ist. Vervollständige die Liste.

1 Kilobyte	= 1 kB	$= 2^{10}$	= 1'024
1 Megabyte	= 1 ……	= ………	= ………………
1 Gigabyte	= 1 ……	= ………	= ………………

Im *Hexadezimalsystem (Sechzehner-System)* ist die Basis 16 und es werden sechzehn verschiedene Ziffern unterschieden: 0, 1, 2, 3, 4, 5, 6, 7, 8, 9, A, B, C, D, E und F. In der Datenverarbeitung wird das Hexadezimalsystem sehr oft verwendet, da es sich hierbei letztlich nur um eine komfortablere Verwaltung des Binärsystems handelt.

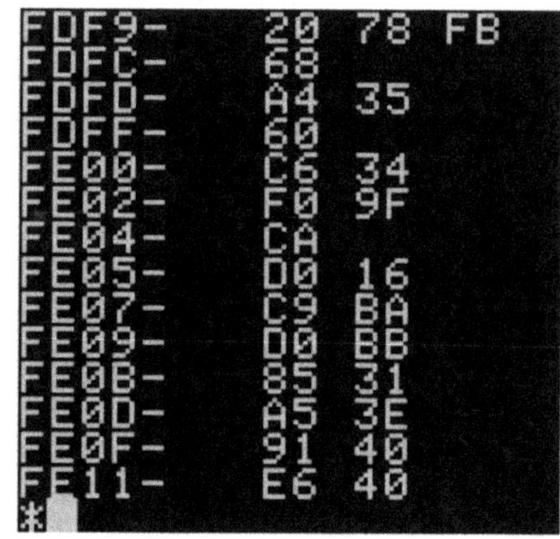

Aufgabe 19: Stelle die Zahlen 14, 15, 16, 17 und 165 im Hexadezimalsystem dar.

Aufgabe 20: Rechne diese Hexadezimalzahlen in das Dezimalsystem um: 9, F, FF und B8.

Aufgabe 21: Wie viele Stellen hat ein Byte im Binärsystem, im Dezimalsystem und im Hexadezimalsystem?

Aufgabe 22: Wie viele Bit sind in einer einstelligen, hexadezimalen Zahl gespeichert?

Aufgabe 23: Rechne die Zahlen BBC und F4D3 in das Dezimalsystem um.

Aufgabe 24: Farben auf dem Computer werden aus den Grundfarben Rot, Grün und Blau gemischt. Dabei wird der Anteil jeder Farbe mit einer zweistelligen Hexadezimalzahl dargestellt. Wie viele Farben können so dargestellt werden?

Das nordamerikanische Volk der Yuki zählt in einem *oktalen System (Achter-System)*. Die Yuki zählen mit den Lücken zwischen den Fingern und nicht den Fingern selber. Im *Duodezimalsystem (Zwölfersystem)* ist die Basis 12. In der deutschen Sprache gibt es Überreste eines solchen Systems. Ein Dutzend ist 12 und ein Gros ist $12 \cdot 12 = 144$. Das englische Masssystem ist stark auf der Zahl 12 aufgebaut. Zum Beispiel sind 12 Zoll ein Fuss. Ein Tag hat zwei Mal zwölf Stunden. Wie bereits erwähnt, haben die Mayas ein *Vigesimalsystem (Zwanziger-System)* verwendet. Sie haben vermutlich mit den Händen und den Füssen gezählt. Die babylonische Keilschrift ist ein *Sexagesimalsystem (Sechziger-System)*.

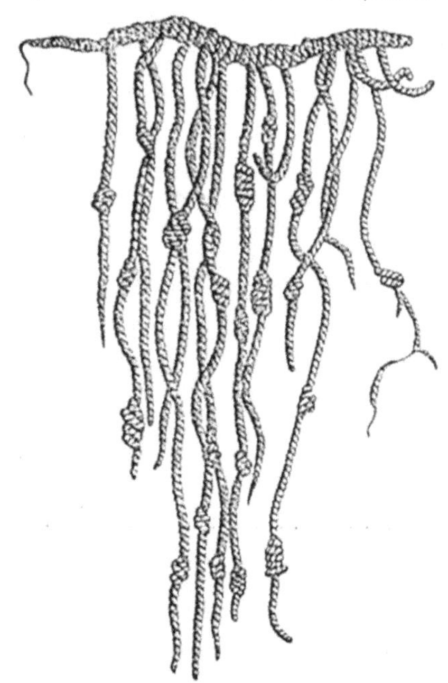

Quipu ist der Name der einzigartigen *Knotenschrift* der Inka (ca. 1400 bis 1532) in Altperu vor der Eroberung ihres Reichs durch die Spanier. Mit Knoten auf Schnüren wurden Zahlen im Dezimalsystem dargestellt. Die Schnüre wurden für die Aufzeichnung von Lagerbeständen und Steuern verwendet.

Wissenschaftliche Schreibweise

In den Wissenschaften kommen häufig sehr grosse oder sehr kleine Zahlen vor. Um diese Zahlen besser darstellen zu können, wird häufig die wissenschaftliche Notation verwendet. Dabei wird jede Zahl in der folgenden Form geschrieben:

$$a \cdot 10^n$$

wobei a eine Zahl mit nur einer Stelle vor dem Komma und n eine ganze Zahl ist.

Aufgabe 25: Markiere gleich grosse Zahlen mit der gleichen Farbe:

1 Million	$-5 \cdot 10^{-3}$	-10^{-2}	0.01	-0.005
	-10^5	$1.2 \cdot 10^{-3}$	$5 \cdot 10^{-3}$	
10^{-2}	102		0.0012	0.00001
-0.01	0.005		10^6	
$1.02 \cdot 10^2$		10^{-5}	$-100\,000$	

Aufgabe 26: Schreibe in der Normalform, also z.B. $2.35 \cdot 10^3 = 2'350$.
   a) $4.5 \cdot 10^5$ b) $4.5 \cdot 10^2$ c) $-4.5 \cdot 10^5$ d) $4.5 \cdot 10^{-5}$

Aufgabe 27: Schreibe in wissenschaftlicher Form. Wie viele relevante Stellen haben diese Zahlen?
   a) 271828   b) 271828000   c) 271828000000   d) 0.0000271828

Aufgabe 28: Gib die Normalform und die wissenschaftliche Form an.
   a) 1 Million   b) 13.33 Billionen   c) 17 Tausendstel   d) 5 Trillionstel

Aufgabe 29: Verwandle von der Normalform in die wissenschaftliche Form bzw. umgekehrt.
   a) $1 \cdot 10^6$ b) 600   c) $1 \cdot 10^{-5}$ d) -0.6
   e) $123'000$ f) $1.23 \cdot 10^2$ g) -0.099 h) $-148'887$

Aufgabe 30: Kannst Du diese Rechnungen im Kopf?
   a) $3 \cdot 10^4 + 4 \cdot 10^5$ b) $7 \cdot 10^{105} - 8 \cdot 10^{103}$ c) $4 \cdot 10^{15} \cdot 5 \cdot 10^7$ d) $2 \cdot 10^{24} : 4 \cdot 10^{13}$

Aufgabe 31: Schaue dir die Bilder auf den nächsten Seiten gut an. Lerne die Vorsätze von 10^{-9} bis 10^9 (Nano, Mikro, Milli, Kilo, Mega, Giga) auswendig.

Aufgabe 32: Das Licht braucht von der Sonne bis zur Erde 8.5 Minuten. Die Lichtgeschwindigkeit beträgt $c = 3 \cdot 10^8\,^m/_s$. Wie gross ist der Umfang der Erdbahn? Gib das Ergebnis sowohl in der wissenschaftlichen Notation wie auch mit einem Vorsatz an.

Aufgabe 33: Das interstellare Gas hat eine Dichte von 10^{-21} kg/m^3. Welche Masse hat ein solches Teilchen, wenn es in zwei Kubikzentimetern 1 Teilchen hat?

Aufgabe 34: Welche Masse hat ein Kubikmillimeter eines Neutronensterns, wenn seine Dichte 10^{17} kg/m^3 beträgt?

Aufgabe 35: In 22.4 dm^3 (Liter) Luft hat es 1 mol Moleküle. 1 mol sind $6.02 \cdot 10^{23}$ Teilchen. Welches Volumen beansprucht ein Teilchen? Gib das Ergebnis sowohl in der wissenschaftlichen Notation wie auch mit einem Vorsatz an.

10^0 m
1 m
Rosenstrauch

10^0 m
1 m
Rosenstrauch

10^{-1} m
0.1 m
Rosenblatt

10^1 m
10 m
Rosenbett

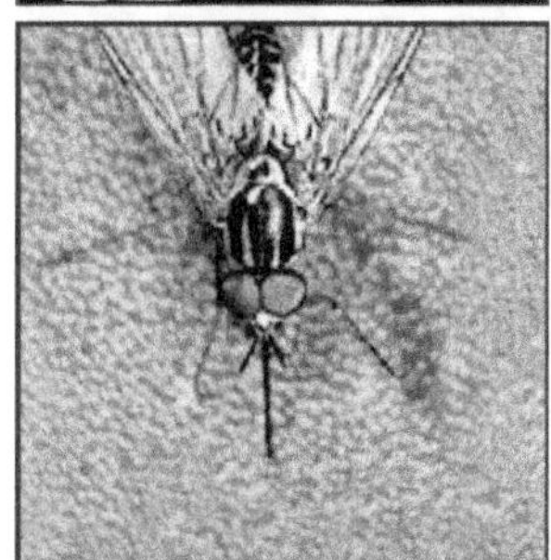

10^{-2} m
0.01 m
Fliege

10^2 m
100 m
Gebäude

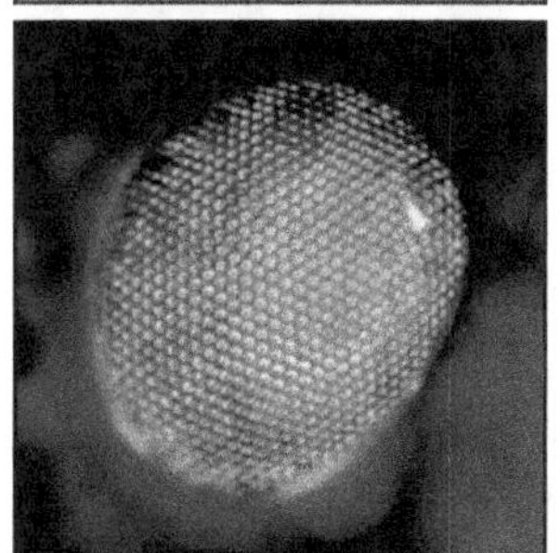

10^{-3} m
1 mm (**Milli**)
Fliegenauge

10^3 m
1 km (**Kilo**)
Industrieareal

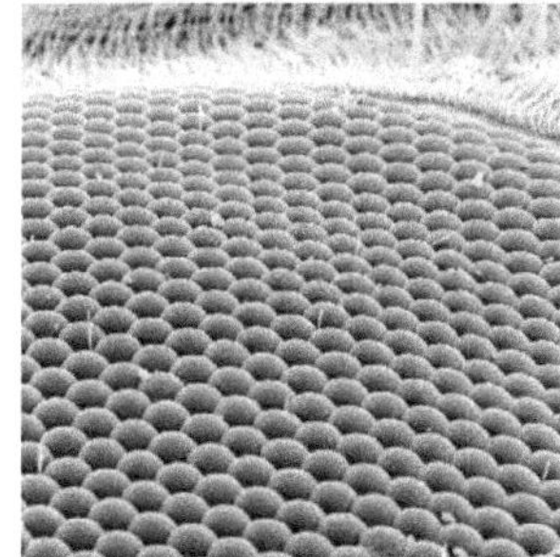

10^{-4} m
0.1 mm
Facetten

10^4 m
10 km
Genf

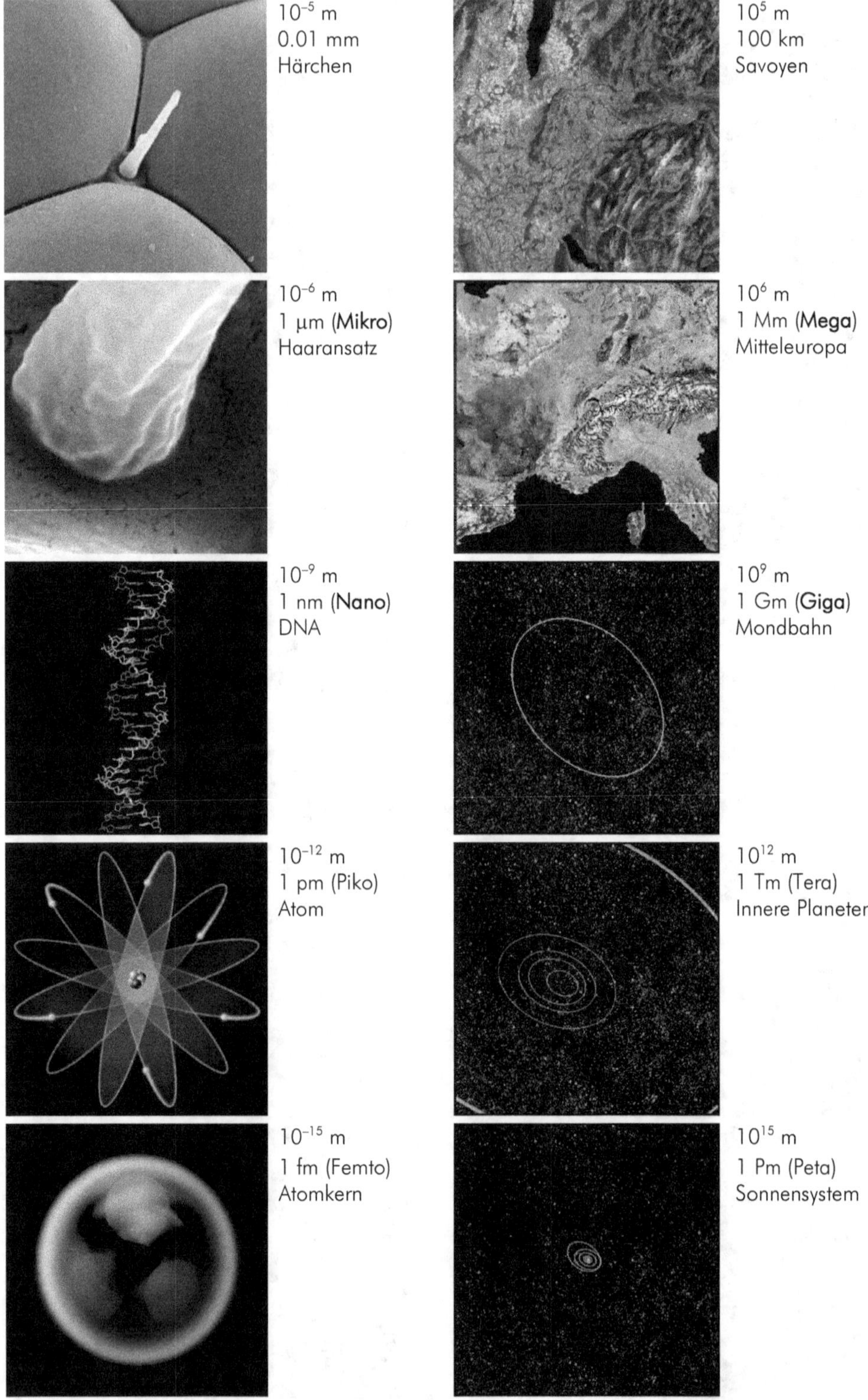

10⁻⁵ m
0.01 mm
Härchen

10⁵ m
100 km
Savoyen

10⁻⁶ m
1 µm (Mikro)
Haaransatz

10⁶ m
1 Mm (Mega)
Mitteleuropa

10⁻⁹ m
1 nm (Nano)
DNA

10⁹ m
1 Gm (Giga)
Mondbahn

10⁻¹² m
1 pm (Piko)
Atom

10¹² m
1 Tm (Tera)
Innere Planeten

10⁻¹⁵ m
1 fm (Femto)
Atomkern

10¹⁵ m
1 Pm (Peta)
Sonnensystem

3. Zahlenmengen

Die natürlichen Zahlen

Die natürlichen Zahlen sind die beim Zählen verwendeten
Zahlen: ein Apfel, zwei Äpfel, drei Äpfel, …

Wir schreiben für die natürlichen Zahlen:

$$\mathbb{N} = \{1, 2, 3, 4, \dots\}$$

Wir erweitern die Menge der natürlichen Zahlen häufig
noch mit der Zahl Null und schreiben dann:

$$\mathbb{N}_0 = \{0, 1, 2, 3, \dots\}$$

$$0 \quad 1 \quad 2 \quad 3 \quad 4 \quad 5 \quad 6 \quad 7 \quad 8 \quad 9$$

Die ganzen Zahlen

Für lange Zeit wurden Probleme, die eine negative Zahl ergeben hätten, als unlösbar betrachtet.
Negative Zahlen können in der Natur nicht gefunden werden – es gibt keine ‚minus fünf Äpfel'.
Der griechische Mathematiker Diophant sagt in seinem Werk, dass die Gleichung $4x + 20 = 0$
absurd sei. Obwohl in Arabien, China und Indien schon lange bekannt, brauchte es sehr lange,
bis die Vorstellung von negativen Zahlen auf Europa drang. Fibonacci erlaubte in seiner
Finanzmathematik negative Zahlen und interpretierte sie als Schulden.

Wir möchten die Diophantische Gleichung $4x + 20 = 0$ lösen. Wir finden $x = -5$.
Dazu müssen wir die natürlichen Zahlen um die negativen Zahlen erweitern. Wir schreiben:

$$\mathbb{Z} = \{\dots -4, -3, -2, -1, 0, 1, 2, 3 \dots\}$$

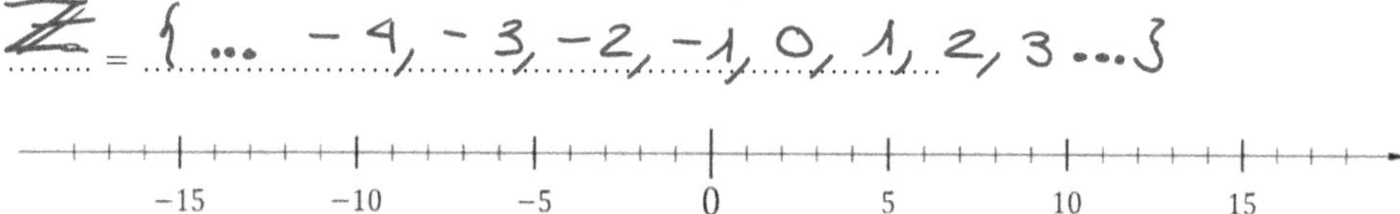

$$-15 \qquad -10 \qquad -5 \qquad 0 \qquad 5 \qquad 10 \qquad 15$$

Die rationalen Zahlen

Auch in den ganzen Zahlen ist es nicht möglich, die Gleichung $2x - 9 = 0$ zu lösen. Wir möchten
das aber gerne. Sie ergibt $x = \frac{9}{2}$. Dazu müssen wir die Menge aller Brüche aus ganzen
Zahlen einführen: die rationalen Zahlen.

$$\mathbb{Q} = \left\{\dots, \frac{2}{3}, \frac{4}{5}, \frac{1}{7}, 0, 5, -3 \dots\right\}$$

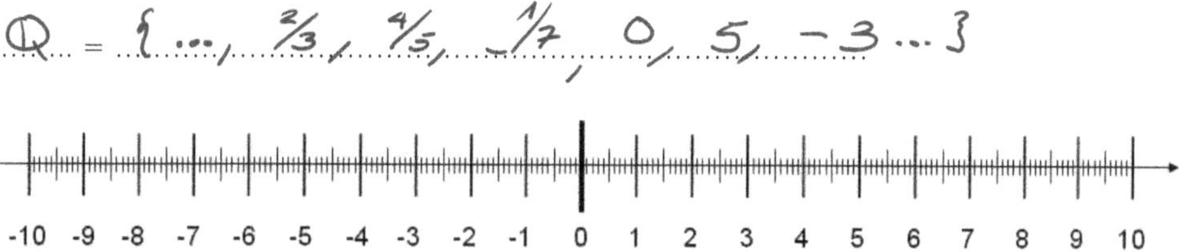

$$-10 \;\; -9 \;\; -8 \;\; -7 \;\; -6 \;\; -5 \;\; -4 \;\; -3 \;\; -2 \;\; -1 \;\; 0 \;\; 1 \;\; 2 \;\; 3 \;\; 4 \;\; 5 \;\; 6 \;\; 7 \;\; 8 \;\; 9 \;\; 10$$

Die reellen Zahlen

Aufgabe 36: Bei einem rechtwinkligen Dreieck haben beide Katheten eine Länge von 1 m. Wie lang ist die Hypotenuse? Ist diese Zahl eine rationale Zahl?

Satz: $\sqrt{2}$ ist irrational, d.h. $\sqrt{2} \notin \mathbb{Q}$

Beweis: Gegenannahme: $\sqrt{2} \in \mathbb{Q}$

Weil $\sqrt{2} \in \mathbb{Q}$, können wir $\sqrt{2}$ als Bruch darstellen und diesen vollständig kürzen. Mit p und $q \in \mathbb{Z}$ schreiben wir:

$$\sqrt{2} = \frac{p}{q}, \qquad \text{wobei der Bruch } \frac{p}{q} \text{ vollständig gekürzt sei.} \tag{1}$$

$\sqrt{2}$ lässt sich also als Bruch darstellen

$\sqrt{2} = p/q$, wobei der Bruch vollständig gekürzt ist.

$\sqrt{2} \cdot q = p \quad | \, ^2$

$2q^2 = p^2 \qquad 2q^2$ ist gerade $\Rightarrow p^2$ gerade

$\underset{\text{gerade}}{\underline{2q^2}} = \underset{\text{gerade}}{\underline{p^2}} \qquad \Rightarrow p$ gerade und wir

$\qquad\qquad\qquad\qquad$ schreiben $p = 2 \cdot r$

$2q^2 = (2r)^2 = 4r^2 \quad | : 2$

$q^2 = 2r^2 \qquad 2r^2$ ist gerade $\Rightarrow q^2$ gerade

$\underset{\text{gerade}}{\underline{q^2}} = \underset{\text{gerade}}{\underline{2r^2}} \qquad \Rightarrow q$ gerade

$\Rightarrow p$ und q sind gerade

$\Rightarrow p/q$ kann mit 2 gekürzt werden.

$\Rightarrow$ Widerspruch zur Gegenannahme

$\Rightarrow$ Die Gegenannahme ist falsch

$\Rightarrow$ Die Annahme ist richtig. $\square$!

Für Pythagoras war die Welt Zahl – „Die Zahl ist das Wesen aller Dinge". Mit Zahl meinte er die natürlichen Zahlen. Eine negative Zahl war absurd. Brüche wurden als Verhältnis von Zahlen verstanden und nicht als eigenständige Zahl. Diese Verhältnisse in der Natur, Musik und den Planetenbahnen faszinierten ihn und auch andere Griechen sehr.

Der Überlieferung nach entdeckte ein Schüler von Pythagoras namens Hippasos von Metapont an einer geometrischen Figur irrationale Verhältnisse von Strecken. Wir haben soeben gezeigt, dass dies zum Beispiel für ein gleichschenkliges, rechtwinkliges Dreieck der Fall ist $\left(\sqrt{2} : 1\right)$. Hippasos habe seine Entdeckung veröffentlicht und sei daraufhin aus der Gemeinschaft der Pythagoreer ausgeschlossen worden. Später sei er im Meer ertrunken, was als göttliche Strafe für seinen Frevel gedeutet wurde.[1]

Wir ergänzen unsere rationalen Zahlen, indem wir auch noch die Dezimalbrüche, die nicht periodisch sind und nie abbrechen, dazu nehmen. Diese neue Menge ist diejenige der reellen Zahlen:

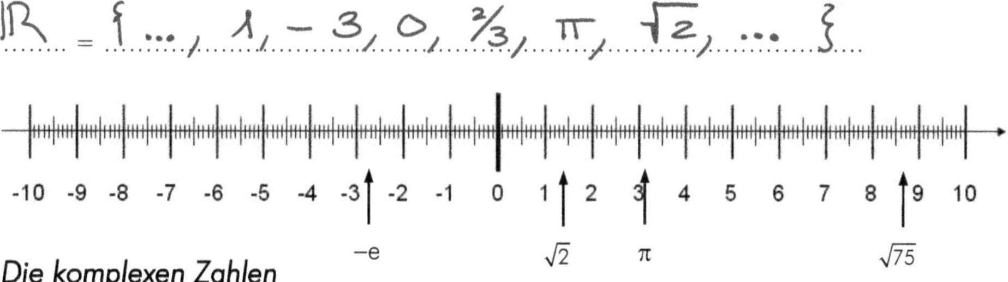

Die komplexen Zahlen

Aufgabe 37: Im Gegensatz zu Pythagoras kannst Du jetzt alle diese Gleichungen lösen. Oder?

$$x^2 - 1 = 0 \implies x = \ldots\ldots\ldots \qquad x^2 - 25 = 0 \implies x = \ldots\ldots\ldots$$

$$x^2 - 8 = 0 \implies x = \ldots\ldots\ldots \qquad x^2 + 1 = 0 \implies x = \ldots\ldots\ldots$$

In den komplexen Zahlen $\mathbb{C}$ haben alle diese Gleichungen Lösungen.

Aufgabe 38: Dieses Mengendiagramm stellt die Zahlenmengen $\mathbb{N}$, $\mathbb{Z}$, $\mathbb{Q}$ und $\mathbb{R}$ dar. Leider ging die Beschriftung verloren. Schreibe die Mengen an und notiere ein paar Beispiele:

Aufgabe 39: Dieses Mengendiagramm stellt die Zahlenmengen $\mathbb{N}$, $\mathbb{Z}$, $\mathbb{Q}$, $\mathbb{R}$ und $\mathbb{C}$ dar. Leider ging die Beschriftung verloren. Schreibe die Mengen an und notiere im Diagramm jeweils ein paar Beispiele.

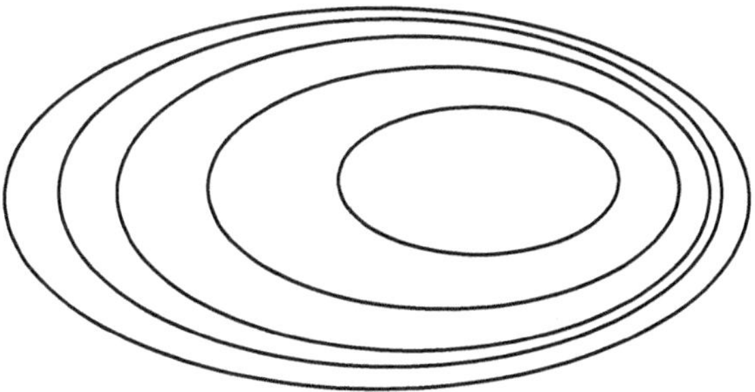

---

[1] Von dieser Deutung ist die Forschung jedoch abgekommen. Es gibt keinen überzeugenden Beleg für die Behauptung, Pythagoras habe sich dogmatisch auf ein Weltbild festgelegt, das jede Inkommensurabilität (von lateinisch incommensurabilis ‚unmessbar'; gemeint ist Irrationalität von Zahlen) ausschloss. Es gibt auch kein Anzeichen dafür, dass die Entdeckung der Inkommensurabilität als Skandal empfunden wurde.

Aufgabe 40: Zu welchen der Zahlenmengen $\mathbb{N}$, $\mathbb{Z}$, $\mathbb{Q}$ und $\mathbb{R}$ gehören die folgenden Zahlen?

a) -5 b) $4.\overline{7}$ c) $-\dfrac{5}{3}$ d) $5.155155515555\ldots$ e) π

f) $\sqrt{121}$ g) $\dfrac{15}{5}$ h) 12.00 i) $-0.38\overline{27}$ k) -17 l) $\sqrt{17}$

Aufgabe 41: Eine Zahl geht auf eine Reise.
- a) Ergänze die untenstehende Liste. Berechne auch den Term und vereinfache jeweils.
- b) Wähle andere Ausgangszahlen. Überprüfe, ob die Reise immer durch die gleichen Zahlenmengen geht.
- c) Nimm die Reise mit einer beliebigen natürlichen Zahl in Angriff. Die Reise soll möglichst lange innerhalb der natürlichen Zahlen verlaufen.

Vorschrift	Zahl	Zahlenmengen	Term
Denke dir eine Primzahl	7	$\mathbb{N}, \mathbb{Z}, \mathbb{Q}, \mathbb{R}$	x
Dividiere durch 4	1.75	$\mathbb{Q}, \mathbb{R}$	$^{x}/_{4}$
Ziehe die Wurzel	1.32...		
Addiere 1	2.32...		
Quadriere			
Subtrahiere die Wurzel deiner Anfangszahl			
Verdopple			
Subtrahiere die Hälfte der Anfangszahl			
Ziehe die Wurzel	1.4142...		

Aufgabe 42: Sind diese Aussagen wahr oder falsch? Finde Beispiele oder Gegenbeispiele.
- a) Alle Differenzen von zwei natürlichen Zahlen sind natürliche Zahlen.
- b) Es gibt Quotienten von zwei natürlichen Zahlen, die irrational (= nicht rational) sind.
- c) Alle Quotienten von zwei rationalen Zahlen sind rationale Zahlen.
- d) Alle Wurzeln aus natürlichen Zahlen sind irrationale Zahlen.
- e) Es gibt irrationale Zahlen, deren 1000-faches eine rationale Zahl ist.
- f) Die Wurzel aus jeder Quadratzahl ist eine natürliche Zahl.
- g) Das Quadrat einer irrationalen Zahl ist eine irrationale Zahl.
- h) Es gibt Wurzeln aus negativen ganzen Zahlen, die rationale Zahlen sind.

Aufgabe 43: Sind diese Aussagen wahr oder falsch? Begründe.
- a) Es gibt unendlich viele Zahlen zwischen 0.1 und $^{1}/_{9}$.
- b) 1.8 und $\sqrt{1.8}$ liegen beide zwischen 2 und $\sqrt{2}$.
- c) $\left(1+\sqrt{2}\right)$ ist eine irrationale Zahl, deren Quadrat auch irrational ist.
- d) Es gibt unendlich viele irrationale Zahlen, deren Quadrat auch irrational ist.
- e) Es gibt unendlich viele Zahlen, deren Wurzel grösser als die Zahl selbst ist.
- f) Es gibt unendlich viele Zahlen, deren Wurzel gleich der Zahl selbst ist.
- g) Es gibt unendlich viele Zahlen, deren Wurzel kleiner als die Zahl selbst ist.

4. Besondere Zahlen und Eigenschaften

Eine Zahl heisst **gerade**, wenn sie durch 2 teilbar ist. Sonst heisst sie *ungerade*.

Aufgabe 44: Es gelten folgende Regeln:

gerade $\pm$ gerade $\quad=\quad$ ....

gerade $\pm$ ungerade $\quad=\quad$ ....

ungerade $\pm$ ungerade $=\quad$ ....

gerade $\cdot$ gerade $\quad=\quad$ ....

gerade $\cdot$ ungerade $\quad=\quad$ ....

ungerade $\cdot$ ungerade $\quad=\quad$ ....

Aufgabe 45: Ist Null gerade oder ungerade? Weshalb?

Eine **Primzahl** ist eine natürliche Zahl mit genau zwei natürlichen Zahlen als Teiler, nämlich ..*1*.. und *sich selbst*... Primzahlen sind die ‚Atome', die unzerlegbaren Teile der Mathematik.

Aufgabe 46: Ist 1 eine Primzahl? Weshalb?

Aufgabe 47: Wie viele Primzahlen gibt es? Wie viele davon sind gerade?

All primes are odd, except two, the oddest of all.

Aufgabe 48: Das Sieb des Eratosthenes ist ein Algorithmus zur Bestimmung einer Tabelle von Primzahlen. Zunächst werden alle Zahlen 2, 3, 4,… bis zu einem frei wählbaren Wert aufgeschrieben, hier ist dieser Wert 120. Man beginnt mit der kleinsten Zahl. Es ist eine Primzahl. Nun kreuzt man alle Vielfachen dieser Zahl ab. Jetzt wird dieses Verfahren mit der nächsten, kleinsten unmarkierten Zahl durchgeführt. Alle Zahlen, die man nicht streichen kann, sind Primzahlen. Bestimme nach dieser Methode alle Primzahlen in der nebenstehenden Tabelle.

2	3	4	5	6	7	8	9	10
11	12	13	14	15	16	17	18	19	20
21	22	23	24	25	26	27	28	29	30
31	32	33	34	35	36	37	38	39	40
41	42	43	44	45	46	47	48	49	50
51	52	53	54	55	56	57	58	59	60
61	62	63	64	65	66	67	68	69	70
71	72	73	74	75	76	77	78	79	80
81	82	83	84	85	86	87	88	89	90
91	92	93	94	95	96	97	98	99	100
101	102	103	104	105	106	107	108	109	110
111	112	113	114	115	116	117	118	119	120

Lange Zeit glaubte man, dass Primzahlen ausserhalb der reinen Mathematik keine Anwendung finden. Bei der Verschlüsselung von Daten (Kryptografie) werden sie jedoch seit den 70-er Jahren bei der Public-Key Verschlüsselung verwendet.

Aufgabe 49: Ist Zahl 0.99999999… = 0.$\overline{9}$ gleich 1? Begründe deine Antwort.

$$0.9999999999999999999999999999999999999999999999999\ldots$$

Aufgabe 50: Eine ganz besondere Zahl ist π – der Umfang eines Kreises mit Durchmesser 1. Heute sind über 100 Billionen Stellen von π bekannt. Hier sind die ersten davon wiedergegeben. Lerne sie auswendig!

$$\pi =$$

3.14159265358979323846264338327950288419716939937510582097494459230781640628620899862803482534211706798214808651328230664709384460955058223172535940812848111745028410270193852110555964462294895493038196442881097566593344612847564823378678316527120190914564856692346034861045432664821339360726024914127372458700660631558817488152092096282925409171536436789259036001133053054882046652138414695194151160943305727036575959195309218611738193261179310511854807446237996274956735188575272489122793818301194912983367336244065664308602139494639522473719070217986094370277053921717629317675238467481846766940513200056812714526356082778577134275778960917363717872146844090122495343014654958537105079227968925892354201995611212902196086403441815981362977477130996051870721134999999837297804995105973173281609631859502445945534690830264252230825334468503526193118817101000313783875288658753320838142061717766914730359825349042875546873115956286388235378759375195778185778053217122680661300192787661119590921642019893809525720106548586327886593615338182796823030195203530185296899577362259941389124972177528347913151557485724245415069595082953311686172785588907509838175463746493931925506040092770167113900984882401285836160356370766010471018194295559619894676783744944825537977472684710404753464620804668425906949129331367702898915210475216205696602405803815019351125338243003558764024749647326391419927260426992279678235478163600934172164121992458631503028618297455570674983850549458858692699569092721079750930295532116534498720275596023648066549911988183479775356636980742654252786255181841757467289097777279380008164706001614524919217321721477235014414197356854816136115735255213347574184946843852332390739414333454776241686251898356948556209922192221842725502542568876717904946016534668049886232279178608578438382796797668145410095388378636095068006422512520511739298489608412848862694560424196528502221066118630674427862203919494504712371378696095636437191728746776465757396241389086583264599581339047802759009946576407895126946839835259570982582262052248940772671947826848260147699090264013639443745530506820349625245174939965143142980919065925093722169646151570985838741059788595977297549893016175392846813826868386894277415599185592524595395943104997252468084598727364469584865383673622262609912460805124388439045124413654976278079771569143599770012961608944169486855584840635342207222582848864815845602850601684273945226746767889525213852254995466672782398645659611635488623057745649803559363456817432411251507606947945109659609402522887971089314566913686722874894056010150330861792868092087476091782493858900971490967598526136554978189312978482168299894872266049483850549458858692699569092721079750930295532116534498720275596023648066549911988183479775356636980742654252786255181841757467289097777279380008162426012999979920830178529011906948963093930...

Lösungen

1. a) 30'211   b) 1'204'202
   c) 326'455   d) 2'007'026

2. a) (Hieroglyphen)

   b) (Hieroglyphen)

   c) (Hieroglyphen)

   d) (Hieroglyphen)

3. a) 669   b) 2'045
   c) 3'161   d) 25'144
   e) 77'696   f) 725'512

4. a) (Keilschrift)   b) (Keilschrift)
   c) (Keilschrift)   d) (Keilschrift)
   e) (Keilschrift)   f) (Keilschrift)

5. Die mittlere Platte in der unteren Reihe ist fehlerhaft.
   Die 5 ist in den arabischen Ziffern falsch.

6. 12   21   75   111   1500
   400   40   4   19   162
   2240   234   1997

7. CIV   LXXXVII   CDLVI

   DCCCXC   CMLXXXVII   MMI

   MCCCXCIII   MDCIL   IM

8. Die Summe der Zahlen in jeder Reihe, jeder Spalte
   und den Diagonalen ist gleich.

9. XIII   VIII   XII   I

   II   XI   VII   XIV

   III   X   VI   XV

   XVI   V   IX   IV

   IV   IX   V   XVI

   XV   VI   X   III

   XIV   VII   XI   II

   I X   II   VIII   XIII

10. Die Zahl 24 in Strichlisten geschrieben:

11. 807

12. –

13. 863

14. $1\cdot10^2 + 0\cdot10^1 + 2\cdot10^0 + 3\cdot10^{-1} + 5\cdot10^{-2}$
    $1\cdot10^2 + 2\cdot1 + 3\cdot10^{-1} + 5\cdot10^{-2}$

15. 5   15
    8   51

16. 10   1001
    1000001   10010001

17. $2^8 = 256$

18. $1\ kB = 2^{10} = 1'024$
    $1\ MB = 2^{20} = 1'048'576$
    $1\ GB = 2^{30} = 1'073'741'824$
    Bis 1996 gab es keine speziellen Einheitenvorsätze
    für Zweierpotenzen und es war üblich, die eigentlich
    dezimalen SI-Präfixe im Zusammenhang mit
    Speicherkapazitäten zur Bezeichnung von Zweier-
    potenzen zu verwenden (mit Faktor $2^{10} = 1024$ statt
    1000). Heutzutage sollten die Präfixe nur noch in
    Verbindung mit der dezimalen Angabe der
    Speichergrössen benutzt werden. Für die binären
    Vorsätze sollten die folgenden Vorsätze verwendet
    werden: KiB (Kibibyte), MiB (Mebibyte), GiB
    (Gibibyte), TiB (Tebibyte).

19. E, F, 10, 11, A5

20. 9, 15, 255, 184

21. Binär   8 Stellen
    Dezimal   3 Stellen (nicht voll genutzt)
    Hexadezimal   2 Stellen

22. 4 bit

23. 3004   62675

24. $2^8\cdot2^8\cdot2^8 = 16'777'216$ (16 Mio. Farben)

25. –

26. a) 450'000   b) 450
    c) −450'000   d) 0.000045

27. a) $2.71828 \cdot 10^5$ b) $2.71828 \cdot 10^8$
    c) $2.71828 \cdot 10^{11}$ d) $2.71828 \cdot 10^{-5}$
    Alle haben 6 relevante Stellen.

28. a) $1 \cdot 10^6 = 1'000'000$
    b) $1.333 \cdot 10^{13} = 13'330'000'000'000$
    c) $1.7 \cdot 10^{-2} = 0.017$
    d) $5 \cdot 10^{-18} = 0.000'000'000'000'000'005$

29. a) 1'000'000   b) $6 \cdot 10^2$
    c) 0.00001   d) $-6 \cdot 10^{-1}$
    e) $1.23\cdot10^5$ f) 123
    g) $-9.9\cdot10^{-2}$ h) $-1.48887 \cdot 10^5$

30. a) $4.3\cdot10^5$ b) $6.92\cdot10^{105}$
    c) $2\cdot10^{23}$ d) $5\cdot10^{10}$

31. –

32. $U = 9.61\cdot10^{11}$ m $= 961$ Gm

33. $m = 2\cdot10^{-27}$ kg $= 2\cdot10^{-30}$ g (Die Zahl ist zu klein für
    die Vorsätze. Es handelt sich um ein Gemisch aus
    molekularem und atomarem Wasserstoff.)

34. $m = 1\cdot10^8$ kg $= 100$ Gg

35. $V = 3.72\cdot10^{-26}$ m^3 $= 37.2$ nm^3

36. $\sqrt{2} \approx 1.414213562\ldots$ Die Zahl ist nicht rational.

37. $L = \{-1, 1\}$ $L = \{-5, 5\}$
    $L = \{-\sqrt{8}, \sqrt{8}\}$ $L = \{\} = \varnothing$

38. Von innen nach aussen:

    $\mathbb{N}$ $3, 7, 17, 25$

    $\mathbb{Z}$ $0, -3, 6, -1$

    $\mathbb{Q}$ $-2, 0, 5, {}^6/_7, 0.3, {}^1/_9$

    $\mathbb{R}$ $9, -18, 0, {}^7/_2, 0.75, \sqrt{8}, \pi, -\sqrt{2}$

39. a) $\mathbb{Z} \subset \mathbb{Q} \subset \mathbb{R}$ b) $\mathbb{Q} \subset \mathbb{R}$

    c) $\mathbb{Q} \subset \mathbb{R}$ d) $\mathbb{R}$

    e) $\mathbb{R}$ f) $\mathbb{N} \subset \mathbb{Z} \subset \mathbb{Q} \subset \mathbb{R}$

    g) $\mathbb{N} \subset \mathbb{Z} \subset \mathbb{Q} \subset \mathbb{R}$ h) $\mathbb{N} \subset \mathbb{Z} \subset \mathbb{Q} \subset \mathbb{R}$

    i) $\mathbb{Q} \subset \mathbb{R}$ k) $\mathbb{Z} \subset \mathbb{Q} \subset \mathbb{R}$

    l) $\mathbb{R}$

40.

7	$\mathbb{N}, \mathbb{Z}, \mathbb{Q}, \mathbb{R}$	x
1.75	$\mathbb{Q}, \mathbb{R}$	$\frac{x}{4}$
1.32...	$\mathbb{R}$	$\sqrt{\frac{x}{4}} = \frac{\sqrt{x}}{2}$
2.32...	$\mathbb{R}$	$\frac{\sqrt{x}}{2} + 1$
5.40...	$\mathbb{R}$	$\left(\frac{\sqrt{x}}{2} + 1\right)^2 = \frac{x}{4} + \sqrt{x} + 1$
2.75	$\mathbb{Q}, \mathbb{R}$	$\frac{x}{4} + \sqrt{x} + 1 - \sqrt{x} = \frac{x}{4} + 1$
5.5	$\mathbb{Q}, \mathbb{R}$	$\frac{x}{2} + 2$
2	$\mathbb{N}, \mathbb{Z}, \mathbb{Q}, \mathbb{R}$	$\frac{x}{2} + 2 - \frac{x}{2} = 2$
1.41...	$\mathbb{R}$	$\sqrt{2}$

41. a) falsch   b) falsch
    c) richtig   d) falsch
    e) falsch   f) richtig
    g) falsch   h) falsch

42. a) richtig
    b) falsch (1.8 richtig, $\sqrt{1.8}$ falsch)
    c) richtig
    d) richtig
    e) richtig $(0 < x < 1$
    f) falsch $(x = 0$ oder $x = 1)$
    g) richtig $(x > 1)$

43. gerade
    ungerade
    gerade
    gerade
    gerade
    ungerade

44. gerade

45. Nein

46. Unendlich viele; genau eine

47. 2, 3, 5, 7, 11, 13, 17, 19, 23, 29, 31, 37, 41, 43, 47, 53, 59, 61, 67, 71, 73, 79, 83, 89, 97, 101, 103, 107, 109, 113

48. $0.\overline{9} = 1$ (Die beiden Zahlen sind gleich)

$$\frac{1}{3} = 1 : 3 = 0.33333333333...$$

$$\frac{1}{3} = 0.33333333333... \qquad | \cdot 3$$

$$\frac{3}{3} = 1 = 3 \cdot 0.33333333333... = 0.9999999999.......$$

49. Das ist nicht ernst gemeint ☺. Die ersten paar wenigen Stellen zu wissen, ist jedoch immer schön.

Bildquellen

Seite 1	„Nilfluthöhen in ägyptischer Zahlschrift" von Ochmann-HH von Joeykentin via Wikimedia Commons (Creative Commons BY-SA 4.0)
Seite 2	„Ishango-Knochen" von Joeykentin via Wikimedia Commons (Creative Commons BY-SA 4.0)
Seite 3	„Flächenberechnungen aus Umma, Iran" von Jastrow via Wikimedia Commons (Public Domain)
	„Babylonische Zahlen" von Risani via Wikimedia Commons (Creative Commons BY-SA 3.0)
Seite 4	„Brahmi Zahlen" via Wikimedia Commons (Public Domain)
	„Arabische Tastatur" von Astriolok via Wikimedia Commons (Public Domain)
	„Entwicklung der Zahlzeichen" von Madden via Wikimedia Commons (Creative Commons BY-SA 3.0)
	„Arabische Nummernschilder" von Dickelbers via Wikimedia Commons (Creative Commons BY-SA 3.0)
Seite 6	„Melencolia I" von Albrecht Dürer via Wikimedia Commons (Public Domain)
	„Detail aus Melencolia I" von Albrecht Dürer via Wikimedia Commons (Public Domain)
	„Maya Zahlen" von Neuromancer2K4/B. Derksen via Wikimedia Commons (Creative Commons BY-SA 3.0)
Seite 7	„Chinesische Zahlzeichen" Ningling via Wikimedia Commons (Creative Commons BY-SA 3.0)
Seite 8	„Binäre Zahlen" Turkei89 via Wikimedia Commons (Creative Commons BY-SA 3.0)
Seite 9	„Hexadecimal Zahlen" von Vadimr via Wikimedia Commons (Public Domain)
	„Quipu (Khipu)" via Wikimedia Commons (Public Domain)
Seite 11	„Zehnerpotenzen", CERN (Public Domain)
Seite 12	„Zehnerpotenzen, Fortsetzung", CERN (Public Domain)
Seite 13	„Äpfel" von Oleg Alexandrov via Wikimedia Commons (Public Domain)
	„Zahlenstrahl in N" von Rumil via Wikimedia Commons (Creative Commons BY-SA 1.0)
	„Zahlenstrahl in Z" von Fleshgrinder via Wikimedia Commons (Public Domain)
	„Zahlenstrahl in Q" (Public Domain)
Seite 17	„Sieb des Eratosthenes" von Faultier11 via Wikimedia Commons (Creative Commons BY-SA 4.0)
Seite 18	„0.099999..." von Melchoir, AzaToth, Mets501, Sopoforic via Wikimedia Commons (CC BY-SA 3.0)

Alle restlichen Grafiken erstellt von Christian Wyss (Creative Commons BY-SA 4.0)

Die Creative Commons Lizenzen sind unter https://creativecommons.org/ erhältlich.

Das vorliegende Skript wurde von Dr. Christian Wyss erstellt und ist unter www.mathema.ch zu beziehen.

Die mysteriöse Zahl 1089

Voraussetzung:

Nimm eine dreistellige Zahl, wobei die erste und die letzte Ziffer nicht gleich sein dürfen.

Behauptung:

Wenn man von der anfänglich gegebenen Zahl ihre Spiegelzahl subtrahiert, erhält man eine neue zweite Zahl. Wenn man nun zu der neuen zweiten Zahl ihre Spiegelzahl addiere, so erhält man immer die Summe 1089.

Beispiele:

$$721 - 127 = 594$$
$$594 + 495 = 1089$$

$$321 - 123 = 198$$
$$198 + 891 = 1089$$

$$910 - 019 = 891$$
$$891 + 198 = 1089$$

Zauberkunst:

In Zauberkunststücken wird die Zahl 1089 verwendet, da sie aus jeder beliebigen Kombination von zwei dreistelligen Zahlen erzeugt werden kann. Ein Zuschauer wählt beispielsweise eine dreistellige Zahl aus, und dann werden die entsprechenden mathematischen Operationen durchgeführt, um eine einzige vierstellige Zahl zu produzieren. Das Ergebnis ist immer 1089. Für das Publikum erscheint die Zahl jedoch scheinbar zufällig. Anschliessend wird der Zuschauer gebeten, auf Seite 108 eines Buches zu blättern und das 9. Wort zu lesen, das der Magier auswendig gelernt hat.

Umgekehrt dividierbare Zahl:

Die Zahl 1089 ist umkehrbar teilbar, denn es gilt: $9801 : 1089 = 9$. 1089 ist neben 2178 die einzige nicht vierstellige Zahl, die nicht trivial umkehrbar teilbar ist.

Beweis der Behauptung:

Anfängliche Zahl in „Ziffernschreibweise": xyz
   wobei: $x > y > z$ und $x, y, z \in \{0; 1; 2; \ldots ; 9\}$

Dieser Ziffernschreibweise entspricht in unserem Zehnersystem die Zahl:
   $x \cdot 10^2 + y \cdot 10^1 + z \cdot 10^0$

Subtraktion der Spiegelzahl der ersten Zahl:

$$\begin{aligned}
& x \cdot 10^2 + y \cdot 10^1 + z \cdot 10^0 \\
- \quad & z \cdot 10^2 + y \cdot 10^1 + x \cdot 10^0 \\
= \quad & (x-z) \cdot 10^2 + 0 \cdot 10^1 + (z-x) \cdot 10^0
\end{aligned}$$

   wobei $z - x < 0$.

Wie lautet die Zahl $(x-z) \cdot 10^2 + 0 \cdot 10^1 + (z-x) \cdot 10^0$ mit $z - x \leq 0$?

$(x-z) \cdot 10^2 + 0 \cdot 10^1$ ist eine Zahl mit der Ziffer $(x-z)$ an der ersten Stelle, gefolgt von zwei Nullen.

$(z-x) \cdot 10^0$ ist eine negative Zahl kleiner gleich -2 und grösser gleich -9.

Die Zahl $(x-z) \cdot 10^2 + 0 \cdot 10^1 + (z-x) \cdot 10^0$ kann also folgendermassen aufgefasst werden:

Von einer runden „Hunderter-Zahl" (z.B. 500) wird die Zahl $(z-x) \cdot 10^0$ abgezogen. An der hintersten Stelle bleibt deshalb die Ziffer $(10 - (x-z))$ übrig.

Daher folgt für die neue zweite Zahl:

$$(x-z-1) \cdot 10^2 + 9 \cdot 10^1 + (10-(x-z)) \cdot 10^0$$

Addition der Spiegelzahl der zweiten Zahl:

Die Spiegelzahl der zweiten Zahl:

$$(10-(x-z)) \cdot 10^2 + 9 \cdot 10^1 + (x-z-1) \cdot 10^0$$

Addition der neuen zweiten Zahl und ihrer Spiegelzahl:

$$\begin{aligned}
& (x-z-1) \cdot 10^2 + 9 \cdot 10^1 + (10-(x-z)) \cdot 10^0 \\
+ \quad & (10-(x-z)) \cdot 10^2 + 9 \cdot 10^1 + (x-z-1) \cdot 10^0 \\
= \quad & (x-z-1+10-x+z) \cdot 10^2 + (9+9) \cdot 10^1 + (10-x+z+x-z-1) \cdot 10^0 \\
= \quad & 9 \cdot 10^2 + 18 \cdot 10^1 + 9 \cdot 10^0 \\
= \quad & 900 + 180 + 9 \\
= \quad & 1089 \qquad \square!
\end{aligned}$$

Das vorliegende Skript wurde von Dr. Christian Wyss erstellt und ist unter www.mathema.ch zu beziehen.

Zahlen

Stellenwertsysteme

Dem indischen Mathematiker Brahmagupta (598 – 668) verdanken wir das *Dezimalsystem (Zehner-System)*, in dem wir rechnen. Im Dezimalsystem gibt es zehn unterschiedliche Ziffern 0, 1, 2, 3, 4, 5, 6, 7, 8 und 9. Zahlen werden als Summe von Zehnerpotenzen geschrieben:

$$1'370'342 = 1 \cdot 1'000'000 + 3 \cdot 100'000 + 7 \cdot 10'000 + 0 \cdot 1'000 + 3 \cdot 100 + 4 \cdot 10 + 2 \cdot 1$$
$$= 1 \cdot 10^6 + 3 \cdot 10^5 + 7 \cdot 10^4 + 0 \cdot 10^3 + 3 \cdot 10^2 + 4 \cdot 10^1 + 2 \cdot 10^0$$

$$0.2157 = 2 \cdot 0.1 + 1 \cdot 0.01 + 5 \cdot 0.001 + 7 \cdot 0.0001$$
$$= 2 \cdot 10^{-1} + 1 \cdot 10^{-2} + 5 \cdot 10^{-3} + 7 \cdot 10^{-4}$$

Aufgabe 1: Schreibe diese Zahl mit Zehnerpotenzen: 102.35 = ...

Das *Binärsystem (Zweier-System)* ist ein Zahlensystem, das nur zwei verschiedene Ziffern 0 und 1 zur Darstellung von Zahlen benutzt. In Computern werden Daten in Form von elektrischen Impulsen übertragen oder gespeichert. Sie sind entweder vorhanden (1) oder nicht (0). Eine Binärzahl ist die Summe von Zweierpotenzen:

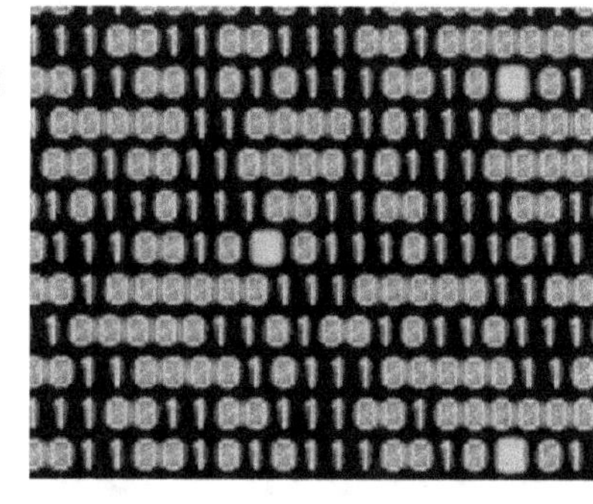

$$101101 = 1 \cdot 2^5 + 0 \cdot 2^4 + 1 \cdot 2^3 + 1 \cdot 2^2 + 0 \cdot 2^1 + 1 \cdot 2^0$$
$$= 1 \cdot 32 + 0 \cdot 16 + 1 \cdot 8 + 1 \cdot 4 + 0 \cdot 2 + 1 \cdot 1 = 45$$

Aufgabe 2: Rechne in das Dezimalsystem um:

101 = ... 1111 = ...

1000 = ... 110011 = ...

Aufgabe 3: Rechne in das Binärsystem um:

2 = ... 9 = ...

65 = ... 145 = ...

Aufgabe 4: Eine Stelle im Binärsystem heisst *Bit*. Ein Zeichen (Buchstaben, Zahl, Sonderzeichen) im Computer wird durch eine 8-stellige Binärzahl dargestellt. Eine solche 8-bit-Zahl heisst *Byte*. Wie viele verschiedene Zeichen können mit einem Byte dargestellt werden?

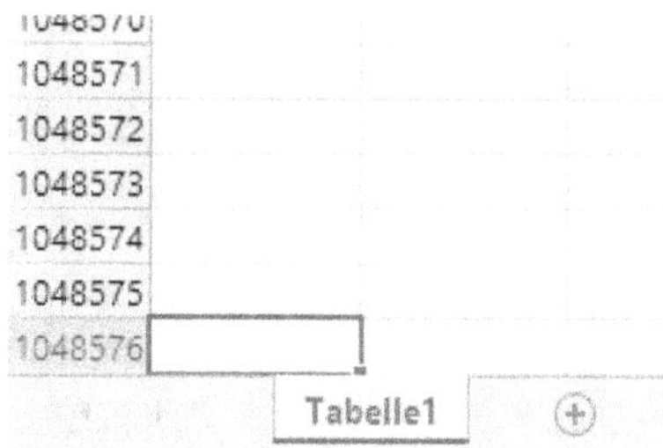

Aufgabe 5: Warum hat Excel maximal genau 1'048'576 Zeilen?

Aufgabe 6: Man würde vermuten, dass ein Kilobyte kB genau 1'000 Byte beträgt[1]. Dies stimmt jedoch nicht genau, da 1'000 keine Potenz von 2 ist. Vervollständige die Tabelle:

1 Kilobyte = 1 kB   = 2^{10} = 1'024

1 Megabyte = 1 ......   = ... = ...

1 Gigabyte = 1 ......   = ... = ...

Aufgabe 7: Eine Festplatte hat 237.5 GB Kapazität. Wie viele Bytes sind das?

Umwanden von Binär- und Dezimalzahlen

Wandle die binäre Zahl 11 0110 0001 in eine Dezimalzahl um:

$$
\begin{aligned}
1 \cdot 1 &= 1 \\
0 \cdot 2 &= 0 \\
0 \cdot 4 &= 0 \\
0 \cdot 8 &= 0 \\
0 \cdot 16 &= 0 \\
1 \cdot 32 &= 32 \\
1 \cdot 64 &= 64 \\
0 \cdot 128 &= 0 \\
1 \cdot 256 &= 256 \\
1 \cdot 512 &= 512 \qquad \rightarrow \underline{856}
\end{aligned}
$$

Wandle die Dezimalzahl 756 in eine binäre Zahl um:

$$
\begin{aligned}
756 : 2 &= 378 \quad \text{Rest } 0 \\
378 : 2 &= 189 \quad \text{Rest } 0 \\
189 : 2 &= 94 \quad \text{Rest } 1 \\
94 : 2 &= 47 \quad \text{Rest } 0 \\
47 : 2 &= 23 \quad \text{Rest } 1 \\
23 : 2 &= 11 \quad \text{Rest } 1 \\
11 : 2 &= 5 \quad \text{Rest } 1 \\
5 : 2 &= 2 \quad \text{Rest } 1 \\
2 : 2 &= 1 \quad \text{Rest } 0 \\
1 : 2 &= 0 \quad \text{Rest } 1
\end{aligned}
$$

10 1111 0100

Aufgabe 8: Schreibe die Binärzahlen x = 1011 0011 und y = 1110 0111 0110 1011 dezimal.

Aufgabe 9: Schreibe die Dezimalzahlen x = 1'245 und y = 5'647 binär.

Aufgabe 10: Schreibe die Binärzahlen x = 100.1, y = 0.0101 und z = 11.1011 dezimal.

Aufgabe 11: Schreibe die Dezimalzahlen x = 0.25, y = 12.75 und z = 0.171875 binär.

Aufgabe 12: Schreibe die Dezimalzahlen x = $^{1}/_{3}$ und y = 0.1 binär.

---

[1] Bis 1996 gab es keine speziellen Einheitenvorsätze für Zweierpotenzen und es war üblich, die eigentlich dezimalen SI-Präfixe im Zusammenhang mit Speicherkapazitäten zur Bezeichnung von Zweierpotenzen zu verwenden (mit Faktor 2^{10} = 1024 statt 1000). Heutzutage sollten die Präfixe nur noch in Verbindung mit der dezimalen Angabe der Speichergrössen benutzt werden. Für die binären Vorsätze sollten die folgenden Vorsätze verwendet werden: KiB (Kibibyte), MiB (Mebibyte), GiB (Gibibyte), TiB (Tebibyte).

Im *Hexadezimalsystem (Sechzehner-System)* ist die Basis 16 und es werden sechzehn verschiedene Ziffern unterschieden: 0, 1, 2, 3, 4, 5, 6, 7, 8, 9, A, B, C, D, E und F. In der Datenverarbeitung wird das Hexadezimalsystem sehr oft verwendet, da es sich hierbei letztlich nur um eine komfortablere Verwaltung des Binärsystems handelt.

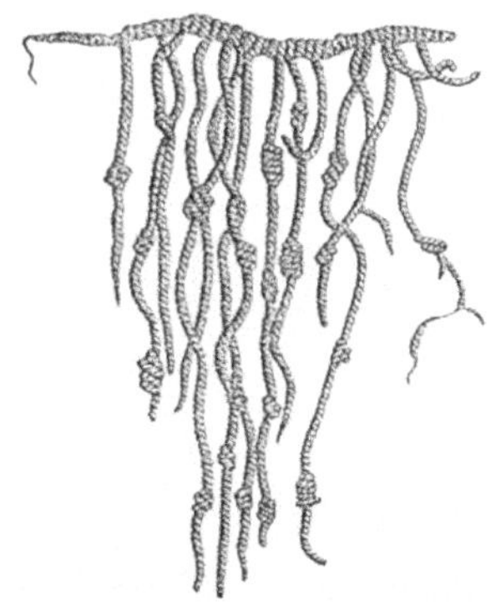

Aufgabe 13: Rechne diese Hexadezimalzahlen in das Dezimalsystem um: 9, F, FF und B8.

Aufgabe 14: Stelle die Zahlen 14, 15, 16, 17 und 165 im Hexadezimalsystem dar.

Aufgabe 15: Wie viele Stellen hat ein Byte im Binärsystem, im Dezimalsystem und im Hexadezimalsystem?

Aufgabe 16: Wie viele Bit sind in einer einstelligen hexadezimalen Zahl gespeichert?

Aufgabe 17: Rechne die Zahlen BBC und F4D3 in das Dezimalsystem um.

Aufgabe 18: Farben auf dem Computer werden aus den Grundfarben Rot, Grün und Blau gemischt. Dabei wird der Anteil jeder Farbe mit einer zweistelligen Hexadezimalzahl dargestellt. Wie viele Farben können so dargestellt werden?

Die Yuki Indianer zählen in einem *oktalen System (Achter-System)*. Sie zählen mit den Lücken zwischen den Fingern und nicht den Fingern selber. Im *Duodezimalsystem (Zwölfersystem)* ist die Basis 12. In der deutschen Sprache gibt es Überreste eines solchen Systems. Ein Dutzend ist 12 und ein Gros ist 12·12=144. Das englische Masssystem ist stark auf der Zahl 12 aufgebaut. Zum Beispiel sind 12 Zoll ein Fuss. Ein Tag hat zwei Mal zwölf Stunden. Wie bereits erwähnt, haben die Mayas ein *Vigesimalsystem (Zwanziger-System)* verwendet. Sie haben vermutlich mit den Händen und den Füssen gezählt. Die babylonische Keilschrift ist ein *Sexagesimalsystem (Sechziger-System)*.

Quipu ist der Name der einzigartigen *Knotenschrift* der Inka (ca. 1400 bis 1532) in Altperu vor der Eroberung ihres Reichs durch die Spanier. Mit Knoten auf Schnüren wurden Zahlen im Dezimalsystem dargestellt. Die Schnüre wurden für die Aufzeichnung von Lagerbeständen und Steuern verwendet.

Lösungen

1. $1\cdot10^2 + 0\cdot10^1 + 2\cdot10^0 + 3\cdot10^{-1} + 5\cdot10^{-2}$
   $1\cdot10^2 + 2\cdot1 + 3\cdot{}^1/_{10} + 5\cdot{}^1/_{100}$

2. 5   15
   8   51

3. 10   1001
   1000001   10010001

4. $2^8 = 256$

5. $2^{20} = 20$ bit

6. $1\ kB = 2^{10} = 1'024$
   $1\ MB = 2^{20} = 1'048'576$
   $1\ GB = 2^{30} = 1'073'741'824$

7. 255'013'683'200

8. $x = 179$
   $y = 59243$

9. $x = 10011011101$
   $y = 1011000001111$

10. $x = 4.5$
    $y = 0.3125$
    $z = 3.6875$

11. $x = 0.01$
    $y = 1100.11$
    $z = 0.001011$

12. $x = 0.\overline{01}$
    $y = 0.00\overline{011}$

13. 9, 15, 255, 184

14. E, F, 10, 11, A5

15. Binär   8 Stellen
    Dezimal   3 Stellen (nicht voll genutzt!)
    Hexadezimal 2 Stellen

16. 4 bit

17. 3004   62675

18. $2^8\cdot2^8\cdot2^8 = 16'777'216$ (16 Mio. Farben)

Zahlen

Maschinenzahlen

In einem Computer können nur endlich viele Zahlen, so gennannte Maschinenzahlen, dargestellt werden. Es gibt also immer unendlich viele Zahlen, die der Computer nicht kennt. Er muss mit Näherungen rechnen. Wir wollen uns mit den Genauigkeitsproblemen, die dabei auftauchen, beschäftigen.

Einstieg

Wir berechnen mit *Mathematica*

$$5.000000000000001 - 5$$

Maschinenzahlen.nb *

In[2]:= 5.000000000000001 - 5

Out[2]= 8.88178 × 10^{-16}

1. Fehler bei der Darstellung einer Zahl

Zahl $\qquad x$

Näherung von x $\quad$ rd(x) $\qquad\qquad$ (hier: Maschinendarstellung von x)

absoluter Fehler $\quad \varepsilon_x = \left| x - \mathrm{rd}(x) \right|$

relativer Fehler $\quad \rho_x = \dfrac{\varepsilon_x}{|x|} = \left| \dfrac{x - \mathrm{rd}(x)}{x} \right|$

Aufgabe 1: Du tankst 15.6 Liter Benzin für 1.61 pro Liter und bezahlst auf 5 Rappen gerundet. Berechne x, rd(x), ε und ρ.

Aufgabe 2: Dein Taschenrechner hat ein Display von 10 Stellen. Du berechnest $^1/_7$. Was zeigt er an? Wie gross ist der absolute und der relative Fehler?

Aufgabe 3: Die Zeugnisnoten sind auf Halbnoten gerundet. Wie gross ist der absolute Fehler maximal. Wie gross ist der relative Fehler bei einer Zeugnisnote 5.5 maximal?

Aufgabe 4: Dein Rechner zeigt 10 Stellen an. Mit wie vielen Stellen rechnet Dein Rechner? Es werden nicht alle Stellen angezeigt. Wie kannst Du sie sichtbar machen?

Aufgabe 5: Für welche Werte von x sind die Definitionen nicht brauchbar?

Aufgabe 6: Wie gross ist der relative Fehler, wenn eine Zahl x auf 0, d.h. keine Stelle hinter dem Komma gerundet wird?

2. Gleitkommaformat (floating point number)

Eine Gleitkommazahl – häufig auch Fliesskommazahl genannt (englisch: floating point number) – ist eine approximative Darstellung einer reellen Zahl. Die Gleitkommazahl unterscheidet sich beim Speichern im Computer von der der ganzen Zahl (englisch: integer). Berechnungen mit Integern sind exakt. Lediglich ein Überlauf kann durch Überschreiten des zulässigen Wertebereichs auftreten.

Die Menge der Gleitkommazahlen ist eine Teilmenge der rationalen Zahlen. Sie werden in der Regel wie folgt dargestellt:

1.253E+07 entspricht der Zahl $1.253 \cdot 10^7 = 12'530'000$.

Formale Definition der normalisierten Gleitkommadarstellung rd(x) der Zahl x:

$$rd(x) = a_0.a_1a_2a_3...a_{t-1} \cdot N^e$$

wobei $a_0 \neq 0$, $0 \leq a_i \leq N-1$ für alle $i \in \{1, 2, ..., t-1\}$ und $e \in [e_{min}, e_{max}]$.

$a_0.a_1a_2a_3....a_{t-1}$ heisst Mantisse

N ist die Basis des Zahlensystems

e ist der Exponent, ist ganzzahlig und liegt zwischen e_{min} und e_{max}.

t bezeichnet die Anzahl Stellen

Aufgabe 7: Im Dezimalsystem sei $t = 2$ und $e \in [-2, 2]$
   a) Wie lautet die grösste darzustellende Zahl?
   b) Die kleinste Positive?
   c) Wie viele Zahlen können dargestellt werden?
   d) Wie weit liegen die grösste und die zweigrösste Zahl auseinander?
   e) Wie weit liegen die kleinste und die zweitkleinste positive Zahl auseinander?

Aufgabe 8: Nehmen wir die Darstellung der vorangehenden Aufgabe. Ist x nicht exakt darstellbar, so wird gerundet auf die am nächsten gelegene verfügbare Gleitpunktzahl. Berechne rd(x) und die relativen und absoluten Fehler:
   a) $x = 4.23$ b) $x = {}^1/_{13}$

Aufgabe 9: Finde eine Formel, wie gross der relative Fehler bei gegebener Mantissenlänge t und Basis N höchstens werden kann, falls rd(x) $\neq 0$ ist.

Binäre Gleitkommazahlen

Gleitkommazahlen lassen sich auch binär darstellen. Zum Beispiel seien hier 6 Stellen für die Mantisse und drei für den Exponenten reserviert.

$$\mathrm{rd}(x) = a_0.a_1a_2a_3a_4a_5 \cdot 10^e_{bin} = a_0.a_1a_2 \cdot 2^e_{dec}$$

wobei $a_0 = 1$, $0 \leq a_i \leq 1$ für alle $i \in \{1, 2, ..., 5\}$ und $e \in [0, 111]$.

Wir schreiben zum Beispiel $1.0100 \cdot 10^{100}_{bin}$, was der dezimalen Zahl $1.25 \cdot 2^4_{dec} = 20_{dec}$ entspricht.

Aufgabe 10: Berechne rd(x) mit 8 binären Stellen. Berechne den absoluten Fehler ε_x und den relativen Fehler ρ_x der Darstellung rd(x):

a) $x = 12.4_{dec}$ b) $x = 0.875_{dec}$

Maschinengenauigkeit (Maschinenepsilon)

Aufgrund der endlichen Mantisse in der Gleitkommadarstellung lassen sich Zahlen auf einem Computer nicht beliebig genau darstellen. Es muss gerundet werden. Statt x verwendet der Computer die Zahl rd(x) für die weitere Rechnung. Die Maschinengenauigkeit ist ein Maß für den Rundungsfehler, der bei der Rechnung mit Gleitkommazahlen auftritt.

In der Praxis wird die Maschinengenauigkeit als kleinste positive Gleitkommazahl ε ermittelt, für die auf der betreffenden Maschine die Bedingung $1 + \varepsilon > 1$ erfüllt ist.

In vielen Computeralgebrasystemen CAS so zum Beispiel in *Mathematica:* $MachineEpsilon

Aufgabe 11: Bestimme experimentell (mit *Python*) das Maschinenepsilon Deines Rechners.

3. Die Norm IEEE 754

Die Norm IEEE 754 definiert Standarddarstellungen für binäre Gleitkommazahlen in Computern und legt genaue Verfahren für die Durchführung mathematischer Operationen, insbesondere für Rundungen, fest.

Die **Darstellung** einer Gleitkommazahl $x = s \cdot m \cdot b^e$

besteht aus dem Vorzeichen s,
der Mantisse m,
der Basis b (bei binären Zahlen ist $b = 2_{dec} = 10_{bin}$) und
dem Exponenten e.

Gespeichert wird das Vorzeichen, die Mantisse und der Exponent. Die Basis ist ohnehin bekannt und muss nicht gespeichert werden. Es werden jedoch nicht die Zahlen s, m und e gespeichert. Es werden daraus – wie wir unten sehen werden – zuerst die binären Werte S, M und E bestimmt und diese gespeichert. Das bringt einige Vorteile.

Ein Computer speichert Gleitkommazahlen mit einfacher oder mit doppelter **Genauigkeit**. Er verwendet dazu folgende Darstellung:

Single Precision (32 Bit): 1 Bit Vorzeichen S + 8 Bit Exponent E + 23 Bit Mantisse M.
Double Precision (64 Bit): 1 Bit Vorzeichen S + 11 Bit Exponent E + 52 Bit Mantisse M.

Die Darstellung einer Gleitkommazahl ist zunächst nicht eindeutig bestimmt. Die Zahl 2 kann im Dezimalsystem als $2.0 \cdot 10^0$ oder auch $0.2 \cdot 10^1$ geschrieben werden. Um die Benutzung einer eindeutig bestimmten Darstellung zu erzwingen, werden daher oft normalisierte Gleitkommazahlen verwendet, bei denen die Mantisse in einen definierten Bereich gebracht wird.

Normalisierte Zahlen

Das Vorzeichenbit S

Das Vorzeichen s wird im Bit $S \in \{0, 1\}$ gespeichert, wobei gilt: $s = (-1)^S$.

Der biased Exponent E

Um den Exponenten e zu speichern, wird dieser verschoben, so dass nur positive Zahlen (biased Exponent E) gespeichert werden müssen. Zuerst berechnen wir die Verschiebung B (Bias). Mit der Speicherlänge r (Anzahl Bits) des Exponenten gilt für den Bias

$$B = 2^{r-1} - 1$$

Das heisst, ein Single wir um 127 und ein Double um 1023 verschoben:

Single Precision: $B = (2^{8-1} - 1)_{dec} = (2^7 - 1)_{dec} = 127_{dec} = 01111111_{bin}$
Double Precision: $B = (2^{11-1} - 1)_{dec} = (2^{10} - 1)_{dec} = 1023_{dec} = 01111111111_{bin}$

Für den gespeicherten (verschobenen) Exponenten E gilt:

$$E = e + B$$

Die Mantisse M mit implizitem Bit (hidden bit)

Weil die Mantisse im Binärsystem ohnehin mit einer 1 vor dem Komma beginnt, wird diese Stelle nicht gespeichert. Die gespeicherte Mantisse M enthält nur die Nachkommastellen. Die erste Stelle ist implizit klar, sie wird unterdrückt (hidden bit). Für die Mantisse m gilt

$$m = 1.M$$

Ein Beispiel (single precision)

$x = +103.6_{dec}$

Vorzeichen wird bestimmt: positiv $+1 = (-1)^0 \rightarrow S = 0$

Umwandlung in eine Binärzahl: $x = 1100111.10011001100..._{bin}$

Normalisieren: $x = 1.10011110011001100..... \cdot 2^6_{dec} \rightarrow e = 6_{dec}$

Das erste Bit der *Mantisse* wird versteckt

$m = 1.10011110011001100 \rightarrow \quad M = 1001\ 1110\ 0110\ 0110\ 0110\ 011$

Und der *Exponent* wird verschoben:

$B = 6_{dec} \rightarrow E = e + B = [6 + 127]_{dec} = 133_{dec} = 1000\ 0101_{bin}$

Darstellung in der Reihenfolge S E M:

$0\ 10000101\ 10011110011001100110011$

Zurückrechnen

$s = (-1)^0 = 1 = +1$

$e = E - B = [10000101 - 0111111]_{bin} = [133 - 127]_{dec} = 6_{dec}$

$m = 1. M = 1.10011110011001100110011_{bin}$

$x = 1.10011110011001100110011_{bin} \cdot 10_{bin}^6 = 1.10011110011001100110011_{bin} \cdot 2_{dec}^6$
$= 1100111.10011001100110011_{bin}$
$= [1 \cdot 2^6 + 1 \cdot 2^5 + 1 \cdot 2^2 + 1 \cdot 2^1 + 1 \cdot 2^0 + 1 \cdot 2^{-1} + 1 \cdot 2^{-4} + 1 \cdot 2^{-5} + 1 \cdot 2^{-8} + 1 \cdot 2^{-9} +$
$\quad 1 \cdot 2^{-12} + 1 \cdot 2^{-13} + 1 \cdot 2^{-16} + 1 \cdot 2^{-17}]_{dec}$
$= 103.59999847412109375_{dec}$

Spezialfälle

Die biased Exponenten $E = 00000000$ und $E = 11111111$ sind für Spezialfälle reserviert.

$E = 00000000$ impliziert die Darstellung nicht normalisierter Zahlen in der Nähe von 0.
$E = 11111111$ impliziert die Darstellung von $+\infty$, $-\infty$ [1] und NaN[2] („not a number").

---

[1] Der Gleitkommawert Unendlich repräsentiert Zahlen, deren Betrag zu gross ist, um dargestellt zu werden. Es wird zwischen positiver Unendlichkeit und negativer Unendlichkeit unterschieden. Die Berechnung von 1.0/0.0 ergibt nach Definition von IEEE-754 „positiv Unendlich".

[2] Damit werden ungültige (oder nicht definierte) Ergebnisse dargestellt, z. B. wenn versucht wurde, die Quadratwurzel aus einer negativen Zahl oder 0.0 / 0.0 zu berechnen.

Beispiele (single precision)

```
0 00000000 00000000000000000000000        +0
1 00000000 00000000000000000000000        –0
0 11111111 00000000000000000000000        + ∞
1 11111111 00000000000000000000000        – ∞
0 11111111 M ≠ 0                          NaN
```

Denormalisierte Zahlen

Ist eine Zahl zu klein, um in normalisierter Form mit dem kleinsten von Null verschiedenen Exponenten gespeichert zu werden, so wird sie als „denormalisierte Zahl" gespeichert. Eine denormalisierte Zahl beginnt mit 0 und sie hat die Form $\pm 0.M \times 2^{-de}$. Dabei ist de der Wert des kleinsten „normalen" Exponenten: $de = -126$ (single) bzw. $de = -1022$ (double). Wenn der gespeicherte Exponent E den kleinstmöglichen Wert annimmt, so wird die Mantisse m in denormalisierter Form gespeichert.

Beispiel (single precision)

$$0\ 00000000\ 00000000000000000000101_{single} =$$

$$= \left[\left(1 \cdot 2^{-21} + 1 \cdot 2^{-23} \right) \cdot 2^{-126} \right]_{dec} \cong 7.00649 \cdot 10^{-45}{}_{dec}$$

Aufgabe 12: Stelle diese Dezimalzahlen in „single precision" dar. Berechne den relativen Fehler:
    a) $x = 0.75$ b) $x = -210.0625$
    c) $x = -2453.1$ d) $x = 13.45$
    e) $x = 7.34683931 \cdot 10^{-40} = 1 \cdot 2^{-130}$
    f) $x = 7.0 \cdot 10^{-45} \approx 1.248841773 \cdot 2^{-147}$

Aufgabe 13: Wandle in eine Dezimalzahl um (single precision):
    a) 0 11100001 00010011000000000000000
    b) 1 01100000 00100010101100000000000
    c) 1 01010001 00100000010000000011000
    d) 0 00000000 00000000000001000100001
    e) 1 00000000 00100000010000000011000
    f) 1 11111111 00000000100000010000000

Aufgabe 14: Berechne die Maschinengenauigkeit für einfache Genauigkeit (single precision) und doppelte Genauigkeit (double precision).

Lösungen

<table>
<tr><td>

1. $x = 25.116$
$rd(x) = 25.10$
$\varepsilon_x = 0.016$
$\rho_x = 0.0006 = 0.06\%$

2. $x = 0.14285714285714285714\ldots$
$rd(x) = 0.142857143$
$\varepsilon_x = 1.4 \cdot 10^{-10}$
$\rho_x = 1.0 \cdot 10^{-7}\,\%$

3. $\varepsilon_{5.5} = 0.25$
$\rho_{5.5} = 0.045\ldots = 4.545\ldots\%$

4. $^1/_7 \approx 0.142857142857$
13 bis 15 Stellen im Speicher! (TI–30)

5. $x = 0$

6. $\rho_x = {}^1/_x$

7.   a) $9.9 \cdot 10^2 = 990$
     b) $1.0 \cdot 10^{-2} = 0.01$
     c) 450
     d) 10
     e) 0.001

8.   a) $\varepsilon_x = 0.03$
       $\rho_x = 0.7\,\%$
     b) $\varepsilon_x = 0.0000769$
       $\rho_x = 0.10\,\%$

9. $\rho_x = 5 \cdot 10^{-t} = 5 \cdot 10^{-t+2}\,\%$

10. a) $x = 1100.0110011001100110011\ldots_{bin}$
       $rd(x) = 1100.0110_{bin} = 12.375_{dec}$
       $\varepsilon_x = 0.025$
       $\rho_x = 0.2\,\%$
     b) $x = 0.1110000_{bin}$
       $rd(x) = 0.1110000_{bin}$
       $\varepsilon_x = 0$
       $\rho_x = 0\%$

</td><td>

11. $\varepsilon = 2^{-53} \approx 1.11 \cdot 10^{-16}$

12. a) $0\ 01111110\ 10000000000000000000000_{single}$
       $= 0.75_{dec}$
       $\rho_x = 0\,\%$
     b) $1\ 10000110\ 10100100001000000000000_{single}$
       $= -210.0625_{dec}$
       $\rho_x = 0\,\%$
     c) $1\ 10001010\ 00110010101000110011001_{single}$
       $\approx -2.45310009765625 \cdot 10^3{}_{dec}$
       $\rho_x = 3.98 \cdot 10^{-6}\,\%$
     d) $0\ 10000010101011100110011001100 11_{single}$
       $\approx 13.449999809265136_{dec}$
       $\rho_x = 1.42 \cdot 10^{-6}\,\%$
     e) $0\ 00000000\ 00010000000000000000000_{single}$
       $= 1 \cdot 2^{-130}{}_{dec}$
       $\rho_x = 0\,\%$
     f) $0\ 00000000\ 00000000000000000000101_{single}$
       $\approx 7.00649232162408535461 \cdot 10^{-45}{}_{dec}$
       $\rho_x = 0.09\,\%$

13. a) $3.404335108034795755972591 \cdot 10^{29}{}_{dec}$
     b) $-5.287574822432361543 17855 \cdot 10^{-10}{}_{dec}$
     c) $-1.6001129999991536845 2718 \cdot 10^{-14}{}_{dec}$
     d) $7.637076630570253036534326 \cdot 10^{-43}{}_{dec}$
     e) $-1.480881006710752082 01563 \cdot 10^{-39}{}_{dec}$
     f) NaN

14. single $\varepsilon = 2^{-32} = 2.3 \cdot 10^{-10}$
       double $\varepsilon = 2^{-52} = 2.2 \cdot 10^{-16}$

</td></tr>
</table>

Die Eulersche Zahl

Stetige Verzinsung[1]

Aufgabe 1: Ein Kapital von 1'000 Fr wird zu einem Jahreszinssatz von 4 % verzinst.

- a) Auf welchen Betrag ist das Kapital in einem Jahr angewachsen? Wie gross ist das Kapital nach 10 Jahren?
- b) Nun wird das Kapital nicht jährlich, sondern alle halbe Jahre, jedoch zum halben Zinssatz, d.h. 2 %, verzinst. Wie gross ist das Kapital nach einem Jahr?
- c) Nun wird das Kapital viermal im Jahr zu 1 % verzinst. Wie gross ist das Kapital nun nach einem Jahr?
- d) Und wenn das Kapital 12-mal jährlich verzinst wird?
- e) Erhält man mehr oder weniger Zinsen, wenn man in vielen Schritten verzinst? Weshalb ist das so? Wie oft sollte man verzinsen, damit das Kapital am schnellsten wächst?

Aufgabe 2: Nun stellen wir ein mathematisch einfaches Modell auf. Es wird ein Kapital von 1 Fr. mit einem Jahreszinssatz von 100 % verzinst.

- a) Wie gross ist das Kapital nach einem Jahr, wenn es jährlich einmal, zweimal, viermal, zehnmal, hundertmal verzinst wird?
- b) Stelle eine Formel für das Kapital nach einem Jahr für n Verzinsungen auf.
- c) Bilde den Grenzübergang $n \to \infty$. Berechne das Kapital auf möglichst viele Stellen.

Ableitung der Exponentialfunktion

Aufgabe 3: Untenstehend sind die Graphen einiger Exponentialfunktionen $f(x) = b^x$ dargestellt. Bestimme den Funktionswert f(0) und die Steigung f'(0) der folgenden Funktionen an der Stelle x = 0. Gib die Funktionsgleichung f(x) der Graphen an. Die Steigung musst Du mit Hilfe des Funktionsgraphen abschätzen. Welche Basis b haben diese Exponentialfunktionen?

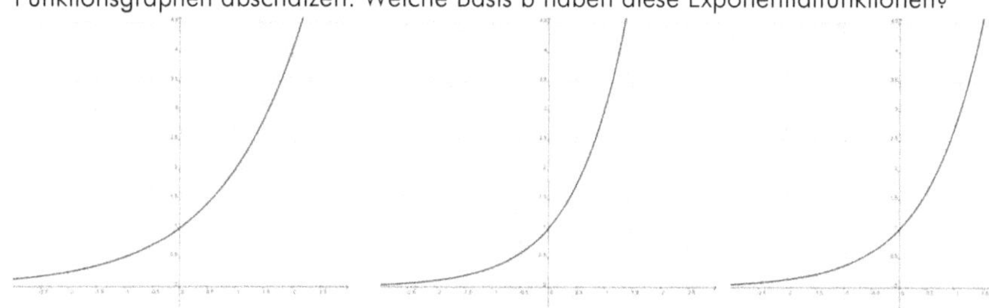

$f(0) = \underline{\quad 1 \quad}$ $f(0) = \underline{\quad 1 \quad}$ $f(0) = \underline{\quad 1 \quad}$

$f'(0) \approx \underline{\quad 0{,}69 \quad}$ $f'(0) \approx \underline{\quad 1{,}10 \quad}$ $f'(0) = \underline{\quad 1 \quad}$

$f(x) = \underline{\quad 2^x \quad}$ $f(x) = \underline{\quad 3^x \quad}$ $f(x) = \underline{\quad e^x \quad}$

---

[1] In der Regel wird ein Kapital mit einer endlichen Anzahl Zinsperioden (typischerweise ein Jahr) verzinst. Bei der stetigen Verzinsung lässt man die Anzahl Zinsperioden gegen unendlich gehen - die Zinsperiode geht gegen Null.

Wir berechnen die Ableitungsfunktion (Steigungsfunktion) der Exponentialfunktion $f(x) = b^x$ mit Hilfe des Differentialquotienten.

$$f'(x) = \lim_{h \to 0} \frac{b^{x+h} - b^x}{h} = \lim_{h \to 0} \frac{b^x(b^h - 1)}{h} = b^x \lim_{h \to 0} \underbrace{\frac{b^h - 1}{h}}_{Zahl}$$

Die Ableitung der Exponentialfunktion ist selbst wieder eine Exponentialfunktion. Nun fragen wir uns, für welche Basis b die Ableitung gleich der Funktion selbst ist:

$$\frac{b^h - 1}{h} = 1 \quad | \cdot h \qquad\qquad b = (1 + h)^{1/h} \qquad\qquad \text{mit} \quad h = \tfrac{1}{n}$$

$$b^h - 1 = h \qquad\qquad b = \lim_{h \to 0} (1 + h)^{1/h} \qquad\qquad b = \lim_{n \to \infty} \left(1 + \tfrac{1}{n}\right)^n$$

$$b^h = h + 1 \quad | \tfrac{1}{h}$$

Die Basis e der Exponentialfunktion, deren Ableitungsfunktion gleich der Funktion ist,

$f(x) = f'(x)$ heisst ...Eulersche Zahl... :

$$e = \lim_{n \to \infty} \left(1 + \tfrac{1}{n}\right)^n$$

Die Zahl e ist neben der Kreiszahl π die wichtigste[2] Konstante in der Mathematik! Die Eulersche Zahl e ist eine transzendente[3] und somit auch irrationale Zahl.

Aufgabe 4: Bestimme die Eulersche Zahl mit Hilfe der obigen Definition.

Aufgabe 5: Wir betrachten die folgende Funktion: $f(x) = 1 + x + \dfrac{x^2}{2!} + \dfrac{x^3}{3!} + \dfrac{x^4}{4!} + \dfrac{x^5}{5!} + \dfrac{x^6}{6!} + \ldots$

- a) Berechne die Ableitungsfunktion $f'(x)$.
- b) Was stellst du fest, wenn du die Ableitung $f'(x)$ mit der Funktion $f(x)$ vergleichst? Kann man daraus schliessen, dass es sich bei $f(x)$ um die Funktion e^x handelt, d.h. ist $f(x)$ die einzige Potenzreihe, die abgeleitet wieder sich selbst ergibt?
- c) Berechne zusätzlich $f(0)$ und e^0. Kann man nun schliessen, dass es sich bei $f(x)$ um die Funktion e^x handelt?

Die Exponentialfunktion $f(x) = e^x$ kann als Reihe dargestellt werden:

$$e^x = 1 + x + \tfrac{1}{2}x^2 + \tfrac{1}{6}x^3 + \tfrac{1}{24}x^4 + \ldots$$

Aufgabe 6: Berechne e mit Hilfe der Reihenentwicklung e^1, d.h. $x = 1$.

---

[2] Es gibt sogar ein Buch über diese Zahl: Eli Maor: „Die Zahl e, Geschichte und Geschichten", Birkhäuser 1996

[3] Eine reelle Zahl wird transzendent genannt, wenn sie nicht Nullstelle eines Polynoms mit ganzzahligen Koeffizienten ist. Andernfalls handelt es sich um eine algebraische Zahl. Jede transzendente Zahl ist überdies irrational. Die wohl bekanntesten transzendenten Zahlen sind die Kreiszahl π und die Eulersche Zahl e.

Für die ...Eulersche Zahl............ gilt:

$$e = \sum_{k=0}^{\infty} \frac{1}{k!} = 1 + \frac{1}{1!} + \frac{1}{2!} + \frac{1}{3!} + \frac{1}{4!} + \frac{1}{5!} + \dots$$

Heute sind über 30 Billionen Stellen der Eulerschen Zahl bekannt:

$$e = 2.71828182845904523536028747135266249$$
$$77572470936999595749669676272407663035$$
$$35475945713821785251664274274663919320 0$$
$$30599218174135966290435729003342952605 9$$
$$56307381323286279434907632338298807531 9$$
$$52510190115738341879307021540891499 3\dots$$

Der natürliche Logarithmus

Der Logarithmus zur Basis e $\log_e(x)$ heisst *natürlicher Logarithmus* und wird oft kurz ln(x) geschrieben.

Für die Ableitung des natürlichen Logarithmus $f(x) = \ln(x)$ gilt $f'(x) = \frac{1}{x}$.

Beweis:
$$\ln'(x) = \lim_{h \to 0} \frac{\ln(x+h) - \ln(x)}{h} = \lim_{h \to 0} \left[\frac{1}{h} \ln\left(\frac{x+h}{x}\right) \right]$$

$$= \lim_{h \to 0} \left[\frac{1}{h} \frac{x}{x} \ln\left(1 + \frac{h}{x}\right) \right] = \lim_{h \to 0} \left[\frac{1}{x} \frac{x}{h} \ln\left(1 + \frac{h}{x}\right) \right]$$

$$= \lim_{h \to 0} \left[\frac{1}{x} \ln\left(1 + \frac{h}{x}\right)^{x/h} \right] = \frac{1}{x} \ln\left[\lim_{h \to \infty} \left(1 + \frac{1}{n}\right)^{n} \right] = \frac{1}{x} \ln e = \frac{1}{x}$$

$$\text{mit } n = \frac{x}{h}$$

Aufgabe 7: Was ist grösser e^{π} oder π^e? Was denkst Du?

a) Berechne die beiden Zahlwerte mit dem Taschenrechner.

b) Versuche den nebenstehenden Beweis nachzuvollziehen. Weshalb gelten die einzelnen Schritte?

$$e^x = 1 + x + \frac{1}{2}x^2 + \dots$$

Für $x > 0$ gilt also $e^x > 1 + x$

Wir schreiben mit $x = \frac{\pi}{e} - 1$

$$e^{\frac{\pi}{e} - 1} = \frac{e^{\frac{\pi}{e}}}{e} > 1 + \left(\frac{\pi}{e} - 1\right) = \frac{\pi}{e}$$

$$e^{\frac{\pi}{e}} > \pi$$

$$\left(e^{\frac{\pi}{e}}\right)^e = e^{\frac{\pi}{e} \cdot e} = e^{\pi} > \pi^e \qquad \Box!$$

Lösungen

1. a) 1040.00 Fr
        1480.24 Fr
    b) 1040.40 Fr
    c) 1040.60 Fr
    d) 1040.74 Fr
    e) Man erhält mehr Zinsen, da das Kapital
        sofort wächst und man auf diesem Zuwachs
        Zinseszinsen erhält.
        Das Kapital wächst am schnellsten, wenn
        es unendlich oft – also stetig – verzinst wird.

2. a) 2.00 Fr.   2.25 Fr
        2.44 Fr   2.59 Fr
        2.70 Fr
    b) $\lim\limits_{n\to\infty}\left(1+\frac{1}{n}\right)^{n}$
    c) 2.71828182845904523536... Fr[4]

3. a) f(0) = 1   f'(0) = 0.693   f(x) = 2^x
    b) f(0) = 1   f'(0) = 1.099   f(x) = 3^x
    c) f(0) = 1   f'(0) = 1   f(x) = $2.718...^x$

4. 2.71828182845904523536...

5. a) $f'(x) = 1 + x + \frac{x^2}{2!} + \frac{x^3}{3!} + \frac{x^4}{4!} + \frac{x^5}{5!} + \frac{x^6}{6!} + ...$
    b) Die Funktion und deren Ableitung sind identisch.
        Nein, kann man nicht. Auch für
        $$f(x) = c\cdot\left(1 + x + \frac{x^2}{2!} + \frac{x^3}{3!} + \frac{x^4}{4!} + \frac{x^5}{5!} + \frac{x^6}{6!} + ...\right)$$
        gilt f'(x) = f(x).
    c) Da f(0) = e^0 = 1 und dies nur für c = 1 gilt,
        kann geschlossen werden, dass
        $$f(x) = e^x = 1 + x + \frac{x^2}{2!} + \frac{x^3}{3!} + \frac{x^4}{4!} + \frac{x^5}{5!} + \frac{x^6}{6!} + ...$$

6. 2.71828182845904523536...

7. a) e^π = 23.14069... > π^e = 22.45915...
    b) Man beachte, dass die Eigenschaft der
        Kreiszahl π (ausser π > 0) nicht in den Beweis
        eingeht. Es gilt also $e^x > x^e$ für alle x > 0.
        Zudem kann durch eine einfachen Basiswechsel
        der Beweis auf weitere Basen b > 0 erweitert
        werden. Es gilt also: $b^x > x^b$ für b > 0, x > 0.

Bildquellen

Alle Grafiken erstellt von Christian Wyss (Creative Commons BY-SA 4.0)

Die Creative Commons Lizenzen sind unter https://creativecommons.org/ erhältlich.

Das vorliegende Skript wurde von Dr. Christian Wyss erstellt und ist unter www.mathema.ch zu beziehen.

---

[4] Das Beispiel macht die Berechnung der Eulerschen Zahl nicht nur anschaulicher, sondern es beschreibt auch die Geschichte der
     Entdeckung der Eulerschen Zahl: ihre ersten Stellen wurden von Jakob I Bernoulli (*1654 in Basel; † 1705 ebenda) bei der
     Untersuchung der Zinseszinsrechnung gefunden.

Logarithmische Einheiten

Einige Grössen werden in logarithmischen Einheiten angegeben. Dazu gehören der Pegel (Verstärkung/Abschwächung), das Phon für die Lautstärke und der pH-Wert für die Stärke einer Säure bzw. Base. Der Vorteil der logarithmischen Skalen ist, dass Werte, die sich über viele Grössenordnungen erstrecken, durch verhältnismässig kleine Zahlen angegeben werden können.

1. Der Pegel

Bei Prozessen, die sich exponentiell verhalten, wird häufig der **Pegel L in Dezibel** angegeben. Der Pegel misst, um welchen Faktor ein Signal grösser oder kleiner als ein Referenzsignal ist. Der Pegel L wird wie folgt berechnet:

$$L = 10 \cdot \log_{10} \frac{I}{I_0} \qquad [L] = dB$$

wobei I_0: die Intensität des Referenzsignals und I: die Intensität des Signals.

Aufgabe 1: Bei einigen Stereoanlagen wird die Lautstärke in als Pegel in dB angegeben. Um wie viel wird ein eingehendes Signal I_0 verstärkt, bzw. abgeschwächt, wenn der Pegel mit

a) 70 dB   b) 10 dB   c) 20 dB   d) 3 dB

e) –3 dB   f) –80 dB   g) 0 dB   h) $-\infty$ dB

angegeben ist?

Aufgabe 2: Gib das Verhältnis 2 : 1 in dB an. Merke Dir den ungefähren Wert des Resultates als Faustregel.

Aufgabe 3: Kannst Du nun die folgenden Verhältnisse in dB ohne Taschenrechner abschätzen:

a) 1 : 2   b) 1 : 1   c) 4 : 1   d) 16 : 1

e) 100 : 1   f) 1 : 10'000   g) 10 : 1   h) 8 : 1

Aufgabe 4: Wie oft mal schwächer ist das Rauschen als die Musik bei einem Verstärker, in dessen Bedienungsanleitung steht: „Signal to Noise Ratio: 77 dB"? Hier wird als Referenz nicht die Hörschwelle, sondern die Intensität des Rauschens (Noise) verwendet, d.h. es wird das Verhältnis Signal/Rauschen in dB angegeben.

Aufgabe 5: Wenn sich Licht in einem Medium ausbreitet, so wird es dabei exponentiell abgeschwächt (Absorption). In der Telekommunikation wird Information mit Hilfe von Lasern in Glasfasern übermittelt. Im dritten Telekommunikationsfester bei einer Wellenlänge von 1550 nm beträgt die Abschwächung –0.2 dB/km.

a) Wie viel Prozent des eingehenden Lichts I_0 wird auf einem Kilometer Weg durch die Faser absorbiert?

b) In bestimmten Abständen muss das Signal wieder verstärkt werden. Nach welcher Strecke musst Du einen Verstärker einbauen, wenn das Signal nicht unter 25 % des Eingangssignals I_0 fallen darf?

Der Schallpegel

Die Schallintensität

Die Energieflussdichte bzw. die *Schallintensität J* ist wie folgt definiert:

$$J = \frac{\text{Leistung}}{\text{Fläche}} = \frac{P}{A} \qquad [J] = \frac{W}{m^2}$$

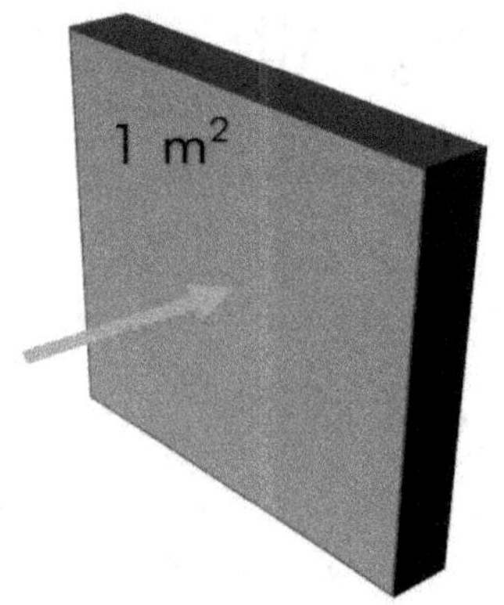

Die vom Menschen wahrgenommene Lautstärke wächst jedoch viel langsamer an als die Schallintensität. Der Zusammenhang zwischen diesen beiden Grössen wird in grober Näherung durch das **Fechnersche Gesetz** beschrieben.

Zur Definition der Intensität J: Der Pfeil versinnbildlicht jene Schallenergie, die pro Sekunde in senkrechter Richtung durch einen Quadratmeter tritt.

Der Schallpegel

Der Mensch nimmt näherungsweise den *Schallpegel L* wahr:

$$L = 10 \cdot \log\left(\frac{J}{J_0}\right)$$

$$[L] = dB$$

mit $J_0 = 10^{-12}\ W \cdot m^{-2}$

(..Hörschwelle..)

Intensität J [10^{-12} Wm^{-2}]	L [dB]	Beispiel
1	0	Hörschwelle bei 2 kHz
10	10	Blätterrauschen, ruhiges Atmen
100	20	Flüstersprache
10'000	40	Unterhaltungssprache
1'000'000	60	Schreibmaschinengeklapper
100'000'000	80	Motorrad
10'000'000'000	100	Motorrad ohne Auspuff
1'000'000'000'000	120	Gehörschäden
≈ 25'100'000'000'000	≈134	≈ Schmerzgrenze
100'000'000'000'000	140	Gewehrschuss (Abstand 1 m)
1'000'000'000'000'000	150	Düsenflugzeug (Abstand 30 m)

Die Phon-Skala

Die Dezibel-Skala ist nur eine erste Näherung. Sie hat für physiologische Zwecke einen schwerwiegenden Nachteil. Töne verschiedener Frequenz, denen die gleiche Dezibel-Zahl zugeordnet ist, erscheinen dem Menschen verschieden laut. Um dies in der Skala zu berücksichtigen, hat man die Phonskala eingeführt. Diese stimmt bei 1'000 Hz mit der Dezibel-Skala überein. Die Skala ist so eingerichtet, dass Töne mit gleicher Phonzahl stets gleich laut wahrgenommen werden.

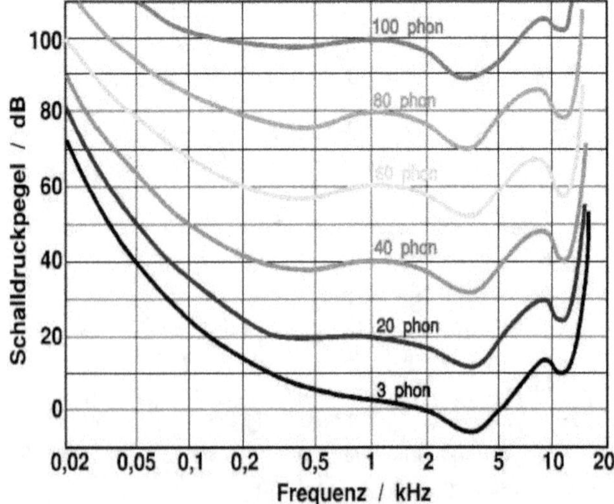

Aufgabe 6: Gebe die Intensität von $5 \cdot 10^{-6}$ W/m^2 in dB an.

Aufgabe 7: Beim gleichzeitigen Einwirken mehrerer Schallquellen können deren Intensitäten addiert werden. In einem Konzertsaal erzeugt ein Sänger beim Hörer die Lautstärke 65 dB.
Welche Lautstärke erzeugen a) 2 und b) 50 Sänger?
Wie viele Sänger braucht es für c) 70 dB und d) 85 dB?

Aufgabe 8: In einem Raum erzeugt eine Gruppe mit

a) vier Kammermusikerinnen die Lautstärke von 80 dB,

b) vier Rockmusikerinnen die Lautstärke von 120 dB.

Wie viele Musikerinnen müssen jeweils dazukommen, wenn die Lautstärke um 4 dB erhöht werden soll?

Aufgabe 9: Wie gross ist die Intensität eines Tones ungefähr, den wir "piano" (60 Phon) hören, wenn der Ton eine Frequenz von a) 1 kHz, b) 100 Hz hat?

Aufgabe 10: In der Schweiz gibt es seit einiger Zeit Gesetze, um die technische Ausgangsleistung von Musikanlagen in Diskotheken zu begrenzen. Für Diskotheken hat die Schweiz bereits 1996 einen Mittelungspegel von 93 Phon eingeführt.

a) Wieso wird der Grenzwert in Phon und nicht in dB angegeben?

b) Messungen in Berliner Diskotheken haben Mittelungspegel bis 110 Phon ergeben. Vergleiche diesen Wert mit dem schweizerischen Grenzwert, indem Du das Verhältnis der Schallintensitäten für Töne mit einer Frequenz von 1000 Hz berechnen.

Aufgabe 11: Nimm einen Sinusgenerator und erzeuge damit einen Ton mit der Frequenz 1000 Hz und dem Schallpegel 40 dB. Verkleinere dann die Frequenz auf 100 Hz und vergrössere anschliessend die Ausgangsleistung am Sinusgenerator, bis Du subjektiv die gleiche Lautstärke empfinden wie beim ursprünglichen Ton.

a) Welche Lautstärke empfindest Du bei den beiden Tönen?

b) Entnehmen aus der Abbildung zur Phon-Skala den Schallpegel des zweiten Tones.

Weitere Pegel

Aufgabe 12: Die Schwere eines Erdbebens gibt man durch Werte auf der nach oben hin offener Richter-Skala an. Sie ist definiert

durch $R = \log\left(\dfrac{I}{I_0}\right)$. Dabei gibt I_0 die

Intensität eines gerade noch wahrnehmbaren Erdbebens an.

a) Vergleiche die Stärke des Erdbebens, das 1905 San Francisco zerstörte ($I = 10^{8.25}\, I_0$), mit der Stärke der Beben, die 1973 ($I = 10^{6.5}\, I_0$) beziehungsweise 1985 ($I = 10^{7.8}\, I_0$) in Mexiko auftraten.

b) Welcher Wert auf der Richter-Skala ergibt sich für das Erdbeben von 1971 in Los Angeles ($I = 5011872\, I_0$)?

Richter	Einteilung	Erdbebenauswirkungen	Häufigkeit
< 2.0	Mikro	Mikro-Erdbeben, nicht spürbar	8000 × pro Tag
< 3.0	extrem leicht	Generell nicht spürbar, jedoch gemessen	1500 × pro Tag
< 4.0	sehr leicht	Oft spürbar, Schäden jedoch sehr selten	135 × pro Tag
< 5.0	leicht	Sichtbares Bewegen von Zimmergegenständen, Erschütterungsgeräusche	35 × pro Tag
< 6.0	mittelstark	Bei anfälligen Gebäuden ernste Schäden, bei robusten Gebäuden leichte Schäden	4½ × pro Tag 1600 × pro Jahr
< 7.0	stark	Zerstörung im Umkreis bis zu 70 km	130 × pro Jahr
< 8.0	Gross	Zerstörung über weite Gebiete	13 × pro Jahr
< 9.0	sehr gross	Zerstörung in Bereichen von einigen 10 km	0.9 × pro Jahr
<10.0	extrem gross	Zerstörung in Bereichen von 1000 km	5 × in 122 Jahren
> 10.0	globale Katastrophe	noch nie registriert	1× in 66 Mio. a

Aufgabe 13: Mit der Formel $m = -2.5 \cdot \log\left(\dfrac{I}{I_0}\right)$ wird in der Astronomie die Helligkeit von Sternen

bestimmt. Die die Helligkeit m wird in Magnitudo (mag oder ^{m}) angegeben. I ist die Strahlungsintensität. I_0 ist die Strahlungsintensität eines von Auge gerade noch wahrnehmbaren Sternes. Es gilt $I_0 = 2.841 \cdot 10^{-8}$ W·m^{-2}.

   a) Der schwächste, mit dem Hubble-Teleskop gerade noch sichtbare Stern, hat eine Helligkeit von 30^m. Berechne die Intensität dieses Sterns.

   b) Die Intensität des Polarsterns beträgt $4.107 \cdot 10^{-9}$ W·m^{-2}. Berechne die Helligkeit des Polarsterns.

Aufgabe 14: Eine Astronomin ermittelt bei einem neu entdeckten Stern die Helligkeit 9.1 mag. Später stellt sich heraus, dass es sich nicht um einen einzelnen Stern handelt, sondern um einen sogenannten Doppelstern (2 Einzelsterne gleicher Helligkeit, die umeinanderkreisen). Welches ist die Helligkeit jedes Einzelsterns?

Aufgabe 15: Mit der Formel $y = 3.37 + 8 \cdot \log(x)$ wird bei Foto-Filmen die Empfindlichkeit umgerechnet, mit x: Empfindlichkeit in ASA; y : Empfindlichkeit in DIN.

   a) Welche Empfindlichkeit in DIN hat ein Film mit 200 ASA?

   b) Welcher Empfindlichkeit entsprechen 18 DIN?

2. Der pH-Wert

Der *pH-Wert* misst in der Chemie den Säuregrad einer sauren oder basischen Lösung. In wässrigen Lösungen wird der pH-Wert wie folgt berechnet:

$$pH = -\log_{10} c\left(H_3O^+\right)$$

wobei $c\left(H_3O^+\right)$ die Konzentration der H_3O^+-Ionen in mol/l ist.

Aufgabe 16: Berechne die pH-Werte von diesen Lösungen.

   a) In einer neutralen Lösung beträgt die Konzentration $c\left(H_3O^+\right) = 10^{-7}$ mol/l. Welchen pH-Wert hat diese Lösung?

   b) In einer salzsauren Lösung (Salzsäure) sind 0.01 mol HCl pro Liter gelöst. Da sich HCl als

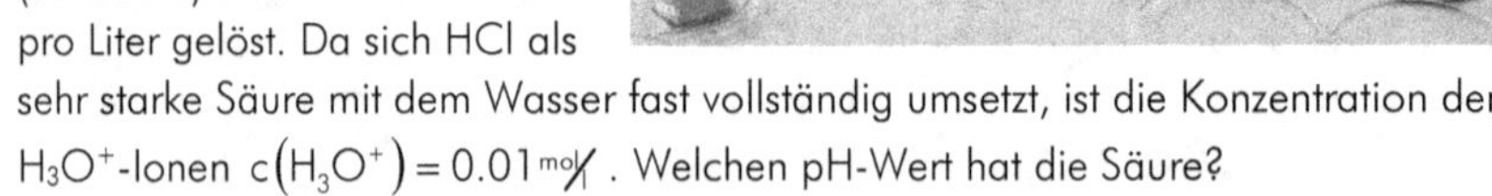

sehr starke Säure mit dem Wasser fast vollständig umsetzt, ist die Konzentration der H_3O^+-Ionen $c\left(H_3O^+\right) = 0.01$ mol/l . Welchen pH-Wert hat die Säure?

   c) In einer Lösung mit Natriumhydroxid NaOH (Natronlauge) beträgt die Konzentration $c\left(H_3O^+\right) = 2 \cdot 10^{-14}$ mol/l . Welchen pH-Wert hat diese basische Lösung (Lauge)?

Aufgabe 17: Stoffe mit pH-Wert < 7 gelten als sauer, solche mit pH-Wert > 7 als alkalisch.

   a) Sind Tomaten $c(H_3O^+ = 6.3 \cdot 10^{-5}$ mol/l sauer?

   b) Ist Seewasser $c(H_3O^+ = 5.01 \cdot 10^{-9}$ mol/l alkalisch?

3. Logarithmische Skalen

Die *logarithmische Darstellung* verwendet eine Achsenbeschriftung, bei der in einer linearen Teilung nicht der Zahlenwert einer darzustellenden Grösse aufgetragen wird, sondern der Logarithmus ihres Zahlenwerts. In einem Diagramm wird diese Darstellung auf eine oder beide Achsen angewendet.

Eine solche Darstellung ist vor allem dann hilfreich, wenn der Wertebereich der dargestellten Daten viele Grössenordnungen umfasst. Durch die logarithmische Darstellung werden Zusammenhänge im Bereich der kleinen Werte besser überschaubar.

Grundsätzlich gilt, dass in Richtung der logarithmischen Achse gleiche Abstände gleiche Faktoren wiedergeben; entspricht also ein Abstand dem Faktor 10, dann entspricht der doppelte Abstand im Diagramm dem Faktor 10^2.

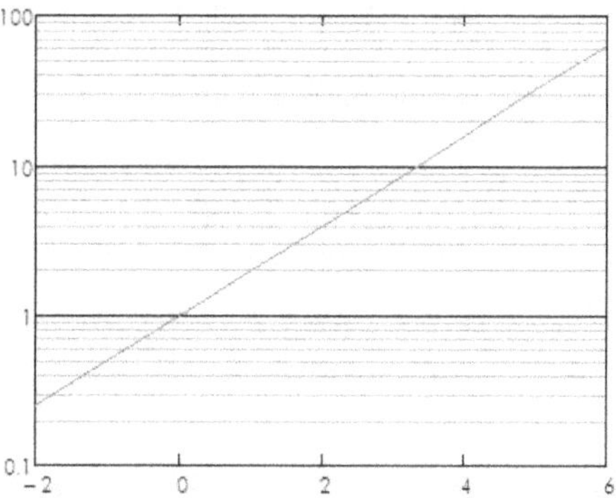

Aufgabe 18: In den untenstehenden Grafiken ist die Bevölkerung der Schweiz und von Indien im selben Diagramm dargestellt. Lies in beiden Diagrammen jeweils die Bevölkerung in der Schweiz und in Indien im Jahr 2000 ab.

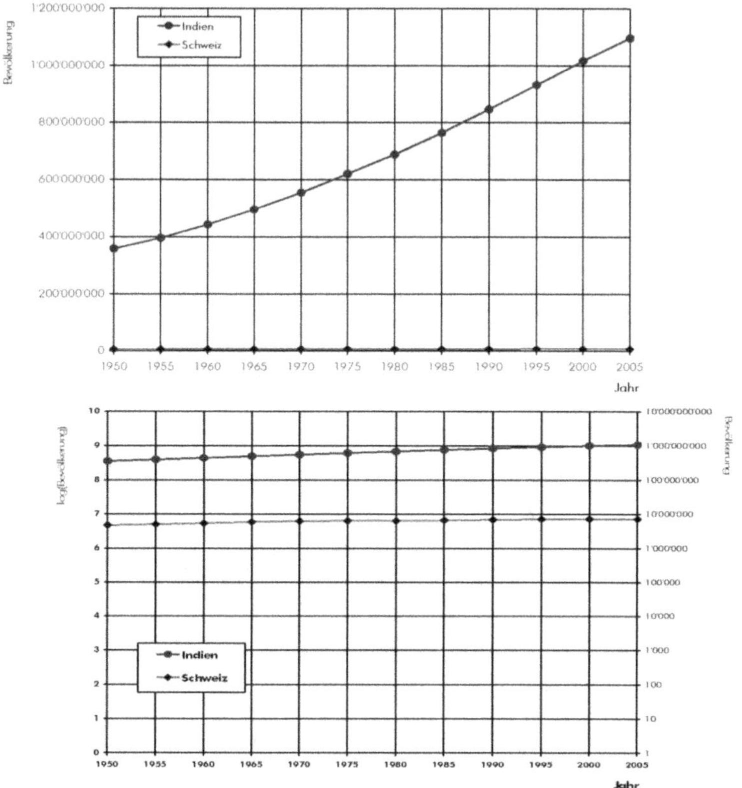

Darstellung von Funktionen

Die logarithmische Darstellung verdeutlicht auch verschiedene mathematische Zusammenhänge.

Stellt man eine **Exponentialfunktion** $y = y_0 \cdot b^x$ mit einer logarithmischen Skala auf der y-Achse dar, so wird die Exponentialfunktion zur Geraden $y = m \cdot x + q$.

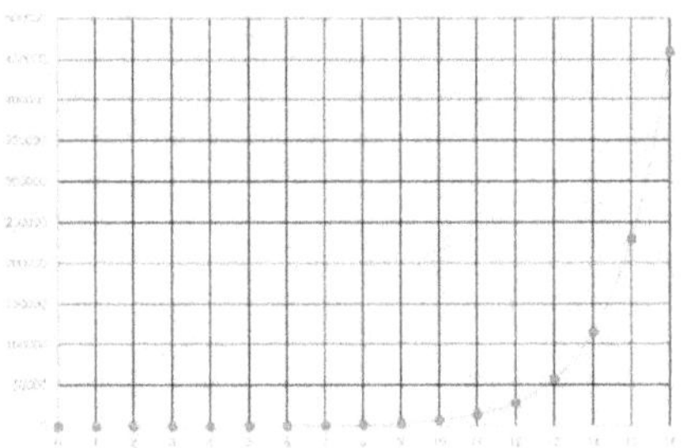 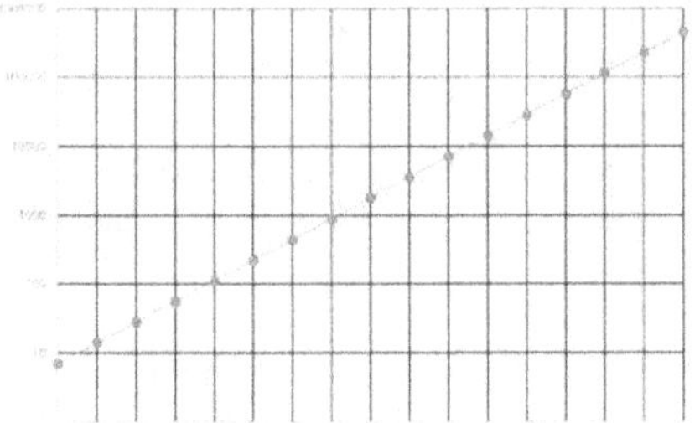

Denn:

$$y = y_0\, b^x \quad | \log$$

$$\log y = \log (y_0 \cdot b^x) = \underset{q}{\underline{\log y_0}} + x\, \underset{m}{\underline{\log b}}$$

$$Y = \log y$$

wobei die Exponentialfunktion durch folgende Parameter bestimmt wird:

$$y_0 = 10^q \qquad b = 10^m \qquad Y = \log y$$

Stellt man eine **Potenzfunktion** $y = a \cdot x^n$ mit einer doppellogarithmischen Skala dar, d.h. mit je einer logarithmischen Skala auf den beiden Achsen, so wird die Exponentialfunktion zur Geraden $y = m \cdot x + q$!

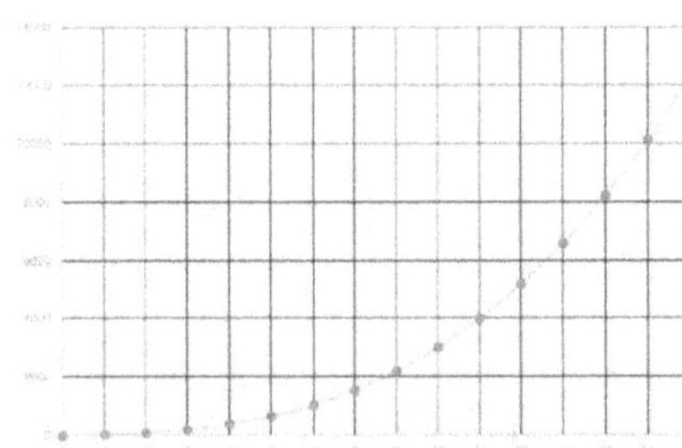 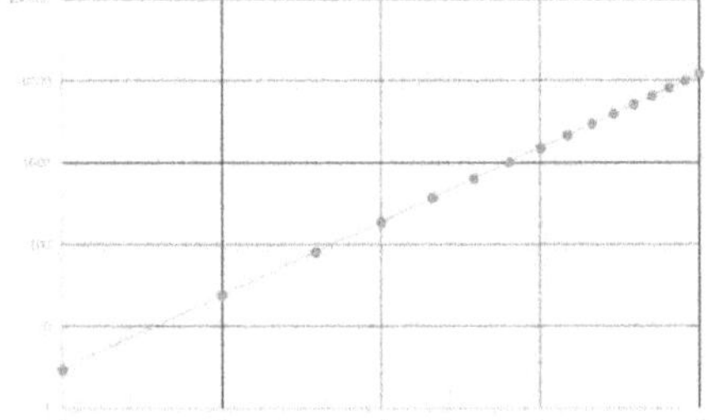

Denn:

$$y = a \cdot x^n \quad | \log$$

$$\log y = \log (a \cdot x^n) = \underset{q}{\underline{\log a}} + \underset{m}{\underline{n \cdot \log x}}$$

wobei die gesuchte Potenzfunktion durch folgende Parameter bestimmt wird:

$$a = 10^q \qquad n = m \qquad \text{mit } X = \log x$$

$$Y = \log y$$

Stellt man eine **Logarithmusfunktion** $y = a \cdot \log(x) + b$ mit einer logarithmischen Skala auf der x-Achse dar, so wird die Exponentialfunktion zur Geraden $y = m \cdot x + q$.

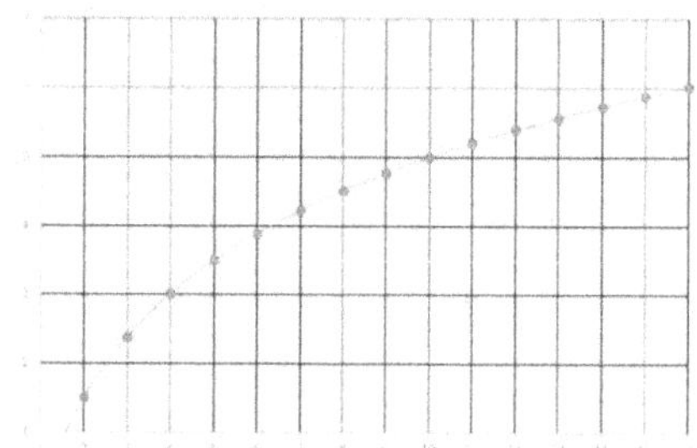 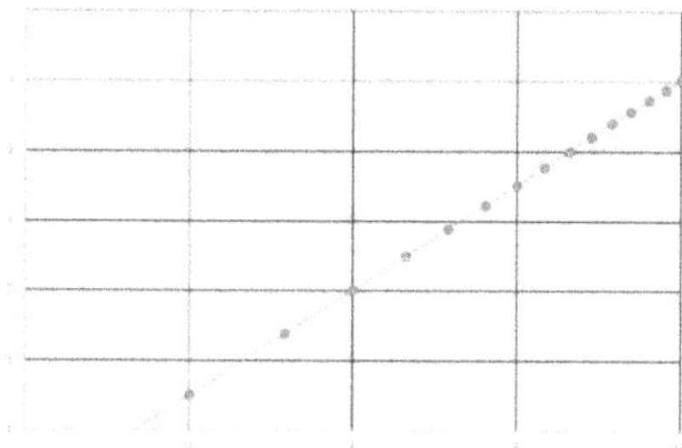

Denn: $y = \underset{m}{\underline{a}} \cdot \underset{X}{\underline{\log x}} + \underset{q}{\underline{b}}$

wobei die Logarithmusfunktion durch folgende Parameter bestimmt wird:

$$a = m \qquad b = q \qquad \text{mit} \qquad X = \log x$$

Aufgabe 19: Bestimme die Funktionsgleichungen der dargestellten Funktionen.

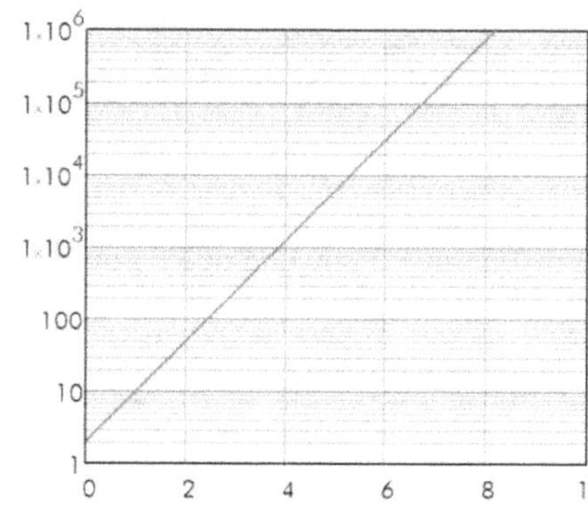 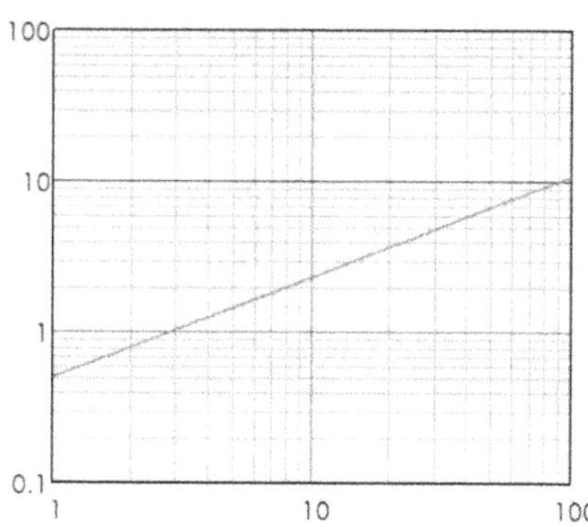

Lösungen

1. a) $I/I_0 = 10'000'000 = 10^7$
    b) $I/I_0 = 10 = 10^1$
    c) $I/I_0 = 100 = 10^2$
    d) $I/I_0 \approx 2.00$
    e) $I/I_0 \approx 0.50$
    f) $I/I_0 = 0.00000001 = 10^{-8}$
    g) $I/I_0 = 1$
    h) $I/I_0 = 0$

2. $L = +3.01$ dB $\approx +3$ dB

3. a) -3dB
    b) 0 dB
    c) $+6$ dB
    d) $+12$ dB
    e) $+20$ dB
    f) -40 dB
    g) 10 dB
    h) 9 dB

4. 77 dB $= 5.01 \cdot 10^7$

5. a) 4.5%
    b) $25\% \approx -6$ dB
       30 km

6. $L = 67$ dB

7. a) 68.01 dB
    b) 81.99 dB
    c) 3
    d) 100

8. a) 6
    b) 6

9. a) $1.0 \cdot 10^{-6}$ W/m²
    b) $6.3 \cdot 10^{-6}$ W/m² (68 dB abgelesen)

10. a) Der Schallpegel wird in dB angegeben. Die Lautstärke hängt ausserdem von der Frequenz ab, somit ist ihre Einheit Phon. Eine Lautstärke von 93 Phon wird für alle Frequenzen wie ein Ton von 1000 Hz mit einem Schallpegel von 93 dB empfunden.
    b) $50 : 1$

11. a) $L = 40$ dB
    b) $L \approx 50$ dB

12. a) $R_{SF05} = 8.25$
       $R_{M73} = 6.5$
       $R_{M85} = 7.8$
    b) $R_{LA71} = 6.7$

13. a) $I = 2.841 \cdot 10^{-20}$ W·m²
    b) $m = 2.1^m$

14. $m = 9.85^m$

15. a) 21.8 DIN
    b) 67.4 ASA

16. a) pH $= 7$ (neutral)
    b) pH $= 2$ (sauer)
    c) pH $= 13.7$ (basisch)

17. a) pH $= 4.2$, sauer
    b) pH $= 8.3$, alkalisch

18. Indien: $1.02 \cdot 10^9$
    Schweiz: $7.17 \cdot 10^6$

19. $f(x) = 2 \cdot 5^x$

    $f(x) = 0.5 \cdot x^{\frac{2}{3}}$

Logarithmische Skalen und das Schwein in verschiedenen Koordinaten:

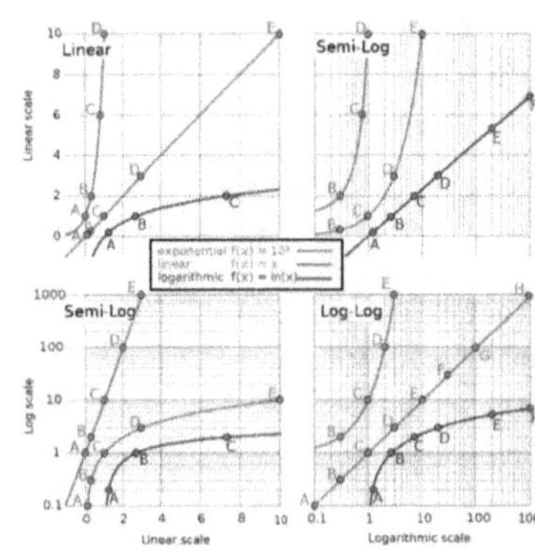

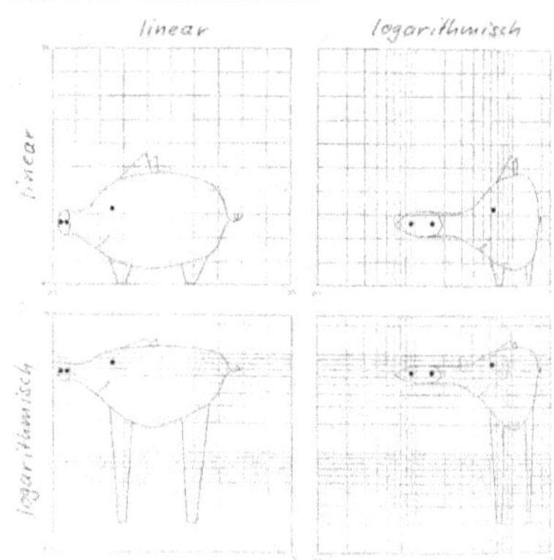

Schlussworte

Urheberrechte & Bildquellen

Das vorliegende Werk erhebt keinen Anspruch auf wissenschaftliche Originalität, sondern stellt eine Einführung in die Thematik dar. Bei der Erstellung der Unterlagen wurden die freie Enzyklopädie Wikipedia und andere Quellen unter freien Lizenzen konsultiert. Die Texte enthalten deshalb teilweise Paraphrasen aus diesen Quellen. Viele der Übungen wurden selbst verfasst. Bei vielen Aufgaben liess ich mich dabei von Aufgaben von Kolleginnen und Kollegen inspirieren.

Die Bildquellen und zugehörigen Urheberrechte sind im jeweiligen Skript detailliert aufgeführt. Sie dürfen, sofern entsprechend ausgewiesen, im Rahmen der jeweiligen freien Lizenzverträge (Creative Commons www.creativecommons.org, GNU Public Licence www.gnu.org, Public Domain) weiterverwendet werden.

Danksagungen

Ich möchte meinen aufrichtigen Dank an meine Kolleginnen und Kollegen sowie an die engagierten Schülerinnen und Schüler aussprechen, die sich die Zeit genommen haben, mir Fehler und Unstimmigkeiten in den Skripten zu melden. Ein besonderer Dank gilt meiner Frau Caroline, die die Skripte sorgfältig gegengelesen und wertvolle Korrekturen vorgenommen hat. Ihre Unterstützung war von unschätzbarem Wert und hat massgeblich zur Verbesserung der Skripte beigetragen.

Über den Autor

Christian Wyss schloss sein Studium in Physik, Mathematik und Philosophie an der Universität Bern ab, wo er in angewandter Laserphysik promovierte. Bereits während seiner Studienzeit engagierte er sich als Lehrer an verschiedenen Gymnasien. In der Folge vertiefte er seine Expertise in der universitären Forschung als Postdoctoral Fellow an den Universitäten von Canterbury und Otago in Neuseeland. Bevor er sich seinem Berufsziel als Gymnasiallehrer zuwandte, erweiterte er seinen Erfahrungshorizont und wirkte als Patent- und Innovationsexperte beim eidgenössischen Amt. Im Anschluss gründete und leitete er erfolgreich eine Spin-off-Firma in der Technologiebranche.

mathema

Das altgriechische Wort μάθημα (máthēma) bedeutet Wissen, Studium, Lehre, Unterricht und heisst wörtlich „das, was gelernt wurde".

Klassenmaterial

Mit dem Erwerb dieses Buches erhalten Sie gleichzeitig die Berechtigung zur Nutzung der Unterrichtsunterlagen für Ihre Schülerinnen und Schüler. Im Internet stehen Kopiervorlagen der Unterrichtsunterlagen, bestehend aus unausgefüllten Skripten und den dazugehörigen Lernzielen, zum Download zur Verfügung.

Adresse: www.mathema.ch / Passwort: Dt6&8uKL